园林绿化工程建设工法
编制指导手册

中国风景园林学会园林工程分会
江苏省风景园林协会   编著

东南大学出版社
·南京·

内 容 提 要

本书系统介绍了园林绿化工程建设工法(简称"园林工法")编研,主要阐述了园林绿化工程建设工法的内涵意义、课题立项、工法文本编制、科技查新、专利申请、工法的申报与评审、企业工法管理等内容,并汇编了全国一批优秀企业的工法案例。

本书可供园林绿化行业的建设单位、设计单位、施工企业、监理单位在科研开发、工法编研、工程实践中参考使用,也可供高等院校、科研院所在教学、科研、工程实践中参考使用。

图书在版编目(CIP)数据

园林绿化工程建设工法编制指导手册 / 中国风景园林学会园林工程分会,江苏省风景园林协会编著. —南京:东南大学出版社,2021.11

ISBN 978-7-5641-9874-9

Ⅰ.①园… Ⅱ.①中… ②江… Ⅲ.①园林-绿化-工程管理-编制-中国-手册 Ⅳ.①TU986.3-62

中国版本图书馆 CIP 数据核字(2021)第 254581 号

责任编辑:戴 丽 责任校对:子雪莲 封面设计:布克文化 责任印制:周荣虎

园林绿化工程建设工法编制指导手册
YUANLIN LÜHUA GONGCHENG JIANSHE GONGFA BIANZHI ZHIDAO SHOUCE

出版发行:东南大学出版社
社 址:南京市四牌楼 2 号 邮编:210096 电话:025-83793330
网 址:http://www.seupress.com
电子邮箱:press@seupress.com
经 销:全国各地新华书店
印 刷:江苏河海印务有限公司
开 本:787mm×1092mm 1/16
印 张:13
字 数:280 千字
版 次:2021 年 11 月第 1 版
印 次:2021 年 11 月第 1 次印刷
书 号:ISBN 978-7-5641-9874-9
定 价:128.00 元

园林绿化工程建设工法编制指导手册

主　编	王　翔　商自福	
副主编	陈卫连　朱　凯　郭泽莉	
统　筹	陆文祥	
编　委	董洋洋　乐　为　胡正勤	
	管兴宏　纪易凡　张志南	
	姚　岗　饶　辉　薛　源	
	黄程明　蔡　婕　姜　蓉	
	张晓阳　施　怡　于海耀	
审　校	曹绪峰　吴锦华　姚锁平	
	朱金南　于成景　赵康兵	
	王宜森　陶承友　范小叶	

序

　　工法的开发、编制、应用工作在我国施工领域已开展30余年，它对于推动我国施工企业的技术进步起到了很好的作用。园林工法的研制起步较晚，但是园林工法的研发和推进步伐十分迅速。在园林绿化工程建设中开发施工工法也越来越被行业部门和施工企业所重视，成为企业技术创新和竞争力的具体体现，也是企业开发应用新科技、新工艺、新材料、新设备的重要途径。

　　近年来，园林绿化建设发展迅速，城市景观、生态环境和人居环境得到较大提升。如何进一步提高园林绿化企业整体施工能力和技术水平，是摆在行业管理面前要解决的重要课题。随着科技的日新月异和企业市场竞争的加剧，工法开发的难度越来越大，专业水平要求也愈来愈高，工法在体现施工技术能力和管理水平上有着至关重要的作用，是行业发展进程中衡量企业技术能力和质量保障水平的指标之一。园林绿化企业只有加强对科技创新的研发，加强园林工法的技术积累和成果转化，才能有效地推进企业标准化施工、规范化管理，并提高关键技术的核心能力。同时，园林工法的创新和运用，也是实现园林绿化高质量发展的必由之路。

　　工法也是企业技术水平和施工能力的重要标志。现在常讲工匠精神，讲究产品质量、精细化操作、精益求精。工法是工匠精神的延伸，以企业标准的方式规范施工操作，控制好每一个环节，达到提高产品质量的目标，这是大生产时代企业科学管理的重要方法，也可以说工法就是工匠精神的企业体现。工法作为施工技术的经验总结，可以把少数人的成功经验变为多数人的行为，有利于提高行业整体素质。

　　唯创新者胜，唯创新者强。当前我国进入新发展阶段，开启全面建设社会主义现代化国家新征程。在风景园林行业的高质量发展中，园林建设大有可为。推行工法研究，以规范的技术操作程序解决建设发展中的质量控制，以标准化指导生产操作，以规范化保障施工质量，将有力促进风景园林行业的科学发展和创新发展,从而带动行业整体水平的提升。

　　本书正是在园林绿化实际发展中应运而生的工法参考书,也是园林绿化工程建设工法的编写工具书。本书着重理论与方法相结合,更科学、更直观、更便捷地指导园林工法的编写和运用,适用于风景园林行业的高校师生、科研工作者,以及从事园林绿化工作的建设单位、施工单位、监理单位、设计单位的技术人员和管理人员等参考使用,受众面广,可操作性强。这本书的出版,不但可以使广大风景园林行业从业者受益,也能借此不断提升行业的创新意识,推动风景园林行业科技进步跃上新台阶。

中国风景园林学会副理事长

江苏省风景园林协会理事长　王翔

2021 年 10 月

目　录

第一章　工法概述

1.1　工法的定义

1.1.1　我国工法的起源

20 世纪 80 年代,国家利用世界银行贷款,在云贵高原上建设鲁布革水电站,对其中 9 km 长、衬砌后内径 8 m 的输水隧道工程项目实行国际招标。许多外国工程公司纷纷进入我国参与投标,1984 年日本大成公司以低于标底(1.496 亿元)43%的价格中标(价格低于中国＋挪威联合体标价 36%)。施工中日本大成公司采用了许多特有的工法,如输水隧道采用"圆形全断面一次开挖工法",混凝土拌制采用"分次投料搅拌工法",仅此两项技术就节约了工程造价 2 070 万元。

日本人凭借精干的组织、科学的管理和完善的施工工法按时保质地完成了施工任务,隧道施工达到了国际一流水平。日本人开创的施工工法制度带来的效益引起了有关部门的注意。1987 年国家计委等 5 个部门联合发出通知,要求全国施工企业认真学习鲁布革经验。原建设部在以推广鲁布革工程经验为主题的全国施工工作会议上,首次提出实施项目工法施工的概念。后来,有关领导多次建议在我国建筑业推行工法制度。1989 年,原建设部下发了《施工企业实行工法制度的试行管理办法》[(89)建施字第 546 号],这就是我国工法的起源。

我国自推行工法制度以来,工法的开发与应用工作都取得了巨大的进步,工法对工程建设施工的指导作用日益突出。

此后,国家对工法管理制度又进行了多次修订。1996 年出台了《建筑施工企业工法管理办法》。2005 年出台了《工程建设工法管理办法》,并在 2014 年又做了修订。制订的这些工法管理办法对于在建设系统推广和应用工法,加快和促进工法工作向高水平和深层次发展,起到了较好的引导和积极的推动作用。

1.1.2　工法的定义

工法一词来源于日本,日本《国语大辞典》将工法释为工艺方法和工程方法。工法是指以工程为对象,以工艺为核心,运用系统工程原理,把先进技术和科学管理结合起来,经过一定的工程实践形成的综合配套的施工方法。

工法是从施工实践中总结出来的先进适用的施工方法,又要回到施工实践中去应用。工法只能产生于施工实践之后,是对先进施工技术的总结与提高。编制的施工工法必须是经过施工实践验证过的成熟经验和技术。

工法定义的具体内涵包含以下几个方面:

(1)工法"以工程为对象"有两个含义:

①工法的针对性;

②工法的实践性。

工法有明确的服务对象,就是建设工程,是施工实践运用,而不是工业生产、材料产品或其他。

(2)工法"以工艺为核心"包含三个方面的内容:

①施工中所采用的关键技术的工艺原理;

②施工工艺流程;

③施工操作要点。

"工艺原理""施工工艺流程""施工操作要点"是编写工法的要点和重要内容,也是认定该工法的效能、作用和推广应用前景最主要的要素。是否建立了标准化的施工工艺流程和制定了严密的操作措施是评价该工法的重要标准。评价工艺的先进性就是结合技术与经济对工艺进行全面、综合的评价。

工法是一个完整的系统工程,其核心是工艺,而不是组织管理、材料和设备配备。编写工法要牢牢把握住这个核心。采用什么样的资源,如何组织施工,以及过程控制、质量保证、安全措施等,都是为了保证工艺这个核心的顺利实施。

(3)工法"运用系统工程原理"有两个含义:

①工法实施过程自成系统;

②工法实施过程又是整个工程施工这一母系统中的一个子系统。

工法强调系统化即意味着过程相互间的充分一致、协调,形成一个整体。

(4)工法"把先进技术和科学管理结合起来"的含义:

先进技术是指工艺方法的创新性、先进性。科学管理指劳动组织、预定目标、资源配置、现场制度、规范规程、绿色施工、环保措施、资料汇编以及绩效测量等。没有科学的组织管理就无法保证工法的顺利实施,或者不能达到预期效果,所以工法中包含科学管理内容。

工法是先进技术和科学管理的结合,两者缺一不可。工法既不是单纯的施工技术,也不是一个单项施工方案,而是"先进技术+科学管理"的统一体。虽然有些施工技术方法已经较为成熟,但只有常规技术、一般管理,就不能算是一个好的工法。

(5)工法"经过一定的工程实践"的含义:

工法是经过工程实践证明的、成熟的施工方法。未经工程实践检验的科研成果不能形成工法,但工法编制中要尽量以科学数据或计算作为支撑。

(6)工法"综合配套的施工方法"的含义:

①技术＋管理＋改进；

②人、料、机、法、测、环（5M1S）；

③过程方法＋过程结果。

工法是对系统工程的综合描述，要体现系统性和全过程。工法不是单一的技术本身，而是把组织、管理、技术融为一体的成套施工技术应用过程。从前至后，承上启下，形成一个完整的系统。工法文本编制中应包括前言的阐述、特点的凝练、范围的界定、原理的说明、施工工艺流程及操作要点的交底、材料与设备的准备、质量控制的制定、安全及环保的要求、效益分析、应用实例，以此来体现工法的完整性和系统性。

1.1.3　工法的作用

工法的研究与编制对提高工程质量、施工效率，降低成本具有重要作用，可以提高企业的技术储备、施工技术管理水平和工程科技含量，对于推动施工企业和工程建设的技术进步，起到了很好的促进作用。

工法的开发有利于促进企业进行技术积累和技术跟踪，提高企业的技术素质和管理水平，加速科技成果向生产力的转化。推进工法研究与编制的主要作用有：

（1）推行工法研究有利于推广新技术的应用。编制建设工法的技术是经过施工实践验证过的成熟的或比较成熟的技术。通过工法应用，特别是先进工法的广泛应用，可以提高建设施工的技术含量。

（2）推行工法研究有利于提高企业的知名度和市场竞争能力，增大投标获胜的概率。企业所开发的施工工法的数量、级别和配套能力是企业技术优势的重要体现，是强有力的竞争武器。随着建设施工市场的规范化，工法在投标中的这种竞争作用将越来越突出。

（3）推行工法研究有利于简化施工组织设计和投标文件的编制工作，提高其编制质量和编制效率。工法可作为技术模块在施工组织设计和投标文件中直接采用，并体现企业施工水平的先进性和成熟性。

此外，企业开展工法研究工作，是"科技示范工程""QC成果""优质工程"等科技进步的重要组成部分，也是企业技术水平和施工能力的重要标志。现在常讲"工匠精神"，讲究产品质量、精细化操作、精益求精的质量品质。工法是"工匠精神"的延伸，以企业标准的方式规范施工操作，控制好每一个环节，达到提高产品质量的目标，这是大生产时代企业科学管理的重要方法，也可以说工法就是"工匠精神"的企业体现。

1.2　工法的分级

1.2.1　工法的类别

《工程建设工法管理办法》（建质〔2014〕103号）第三条将工法分为房屋建筑工程、土木工程、工业安装工程 3 个类别。园林绿化工程建设工法一般归为土木工程中的其他类别。

1.2.2 工法的级别

《工程建设工法管理办法》(建质〔2014〕103 号)第四条将工法分为企业级、省(部)级和国家级,实施分级管理。

企业级工法由企业根据工程特点开发,通过工程实际应用,经企业组织评审和公布。

省(部)级工法由企业自愿申报,经省(自治区、直辖市)住房和城乡建设主管部门或国务院有关部门(行业协会)、中央管理的有关企业(以下简称省(部)级工法主管部门)组织评审和公布。

国家级工法申报必须经省(部)级工法的批准单位向住房和城乡建设部推荐。由省(自治区、直辖市)建设主管部门、国务院主管部门(全国性行业协会、国资委管理的企业)等单位组织推荐申报,经建设工程技术专家委员会审定,结果刊登在住房和城乡建设部和中国建筑业协会网站上。

当前,一些省份先行开展了园林绿化工程建设工法的编写、指导、申报工作,形成了完备的园林工法的研发体系。如江苏省风景园林协会 2017 年在本行业内率先提出了推进全省园林绿化工程建设工法,并以协会名义发文《江苏省风景园林协会关于推进全省园林绿化工程建设工法工作意见》,极大地鼓舞了全省园林企业的工法创新意识。

中国风景园林学会开展的科学技术奖园林工程奖项在评比活动中,已将科学成果应用纳入评比条件,优秀工法必然是加分项。此外,中国风景园林学会园林工程分会正积极开展"优秀园林工法"评比活动,并促进实用技术转化应用。

1.3 工法与其他技术成果的区别

1.3.1 工法与施工方案(施工组织设计)的区别

我们平常说的施工方案是对施工工艺、施工技术的泛指。对于工法,从它的定义可以看出,工法是综合配套的施工方法,一方面要求把技术与管理密切结合,另一方面还强调是经过工程实践形成的,它是具有规律性的施工技术总结。

施工组织设计是针对具体工程的管理构架,是对工程施工做出的一个计划安排,有些内容包含施工方案。施工方案是根据一个施工项目制定的实施方案,包括组织机构方案、人员组成、技术方案、安全施工、材料供应等内容,还包括根据特殊工艺、环境要求而制定的专项方案。工法与施工方案的具体区别如下:

(1)编制内容不同。工法按规定包括前言、特点、适用范围、工艺原理、工艺流程和操作要点等 11 项;施工组织设计(施工方案)包括编制依据、工程概况、准备工作计划、施工方案、进度计划、资源需求计划、质量安全与环保措施、降低成本措施、总平面布置图等。

（2）编制时间不同。施工方案是在施工前编制，工法是工程施工后在不断的实践认识中形成的。不能用工法文件取代施工组织设计，但在施工组织设计中可以采用已有的工法成果，将工法文件作为施工组织设计的标准技术模块，从而简化施工组织设计的编制工作，减轻施工组织设计编制的负担，也体现了企业的技术实力。

1.3.2　工法与技术标准、工艺标准、操作规程的区别

工法与技术标准都分等级。工法分为国家级、省（部）级和企业级，我国技术标准分为国家标准、行业（部门）标准、地方标准、团体标准和企业标准。工法的级别越高，技术先进性要求也越高。标准则不同，企业标准的具体规定有时可能高于行业标准或国家标准（当然也要以适用性为原则）。工法属于企业标准的范畴，是企业标准的重要组成部分，本企业必须执行，但别的企业可不执行。

工法和工艺标准、操作规程虽然都属于企业标准，但服务层次却不同。工法是对管理人员的工作要求，是技术管理的内容，是为管理者服务。工艺标准、操作规程主要是操作者必须遵守的工艺程序、作业要点与质量标准，为操作者服务。

1.3.3　工法与施工技术总结、学术论文的区别

工法与施工技术总结和学术论文都是在施工后撰写的，但工法是具有规律性的标准文件；施工技术总结、学术论文可以是针对某一项目或某一工程而总结的，它或许是疑难困惑，还需要进一步研究和讨论的问题，也可以是成熟的、具有普遍意义的理论。

1.3.4　工法与技术专利的区别

工法属于知识产权的范畴，它具备专利的一些性质，但不是专利，对于发明创造新开发的工法可申请专利。工法中应用的某些已获专利的技术应注明专利号。

工法可以运用已取得的专利，研发中较成熟的成果可以再申请专利，二者是相辅相成的。

1.4　园林工法

1.4.1　园林工法的概念

要了解园林工法，首先要掌握园林绿化工程的定义。《园林绿化工程建设管理规定》（建城〔2017〕251号）中指出，园林绿化工程是指新建、改建、扩建公园绿地、防护绿地、广场用地、附属绿地、区域绿地，以及对城市生态和景观影响较大的建设项目的配套绿化，主要包括园林绿化植物栽植、地形整理、园林设备安装及建筑面积 300 m² 以

下单层配套建筑、小品、花坛、园路、水系、驳岸、喷泉、假山、雕塑、绿地广场、园林景观桥梁等施工。

园林绿化工程建设工法,简称园林工法。这里我们指在园林绿化工程建设中,将先进的、科学的、系统的工艺方法在工程实践中运用,能够提高园林绿化工程的施工质量、节约经济成本、保障施工进度,这些先进工艺和科学管理方法形成的系统性施工方法,称为园林绿化工程建设工法。

我们知道,园林绿化工程与房屋建筑、土木、工业安装工程最主要的区别就是植物景观营造和生态环境保护,所以园林绿化工程建设工法体系除了囊括与房屋建筑、土木、工业安装有关的地形改造、建筑及小品、设施及设备安装、花坛、园路、水系、喷泉、假山、雕塑、广场、停车场、驳岸、景观桥梁、码头等施工建设内容外,还应重点突出最具园林行业特质的植物栽植施工与养护管理内容。一套成熟先进的园林绿化施工工法对解决园林绿化工程各分部分项难点、保障施工质量尤为重要。

1.4.2　园林工法的特点

园林绿化建设工程通常由多个景观要素组成,如小桥流水、亭台楼阁、花草树木,以及各类附属设施,涉及植物学、土壤学、景观学、生态学、建筑学、水力学、力学等多个学科,相关解决措施有工程方案、生物方案、水利方案、设备安装等。园林工法与园林绿化建设特点关系密切,这与园林绿化工程运用有生命的植物材料建设,营造丰富的景观等内容相一致。园林工法的研制必须结合园林绿化建设工程的自身特点。总体来讲,园林工法应该具备以下工法特点。

（1）系统性

园林工法以工艺为核心,运用系统工程的原理把园林绿化建设中先进的技术和科学管理结合起来,经过工程实践形成综合配套的施工工法,工法远高于施工工艺。

（2）独特性

园林工法与园林行业标准不同。标准是行业共同遵守的做法和要求,工法则是企业具有自主知识产权的成果。

（3）可靠性

园林工法与工程总结不同。工法不是某项工程完工后的一般性总结,而是同项工程的多次总结、分析对比,是成熟施工技术的积累和提炼。

（4）创新性

研制工法的目的是激励创新创优,推进科技进步,提高园林绿化工程的科技贡献率。

（5）技术性

工法中的科技含量是比较高的,包括新技术、新工艺、新材料、新设备（机具、器械等）。工法中要有自己的技术专利或技术诀窍,力求做到人无我有、人有我优、人优我精、人精我新。

（6）实用性

工法是企业的技术积累、技术储备，是企业的软实力，也是企业参与市场竞争的利器，更是考量一个企业是否成熟的重要标志之一。在某些项目招投标中，能起到技术加分的作用。

（7）实践性

工法的研制不是闭门造车，需要及时跟踪、捕捉国内外园林绿化行业的前沿技术，是企业成功、成熟的技术，同时需要结合本企业实际消化、糅合，加以借鉴并推广。

（8）时效性

工法并非一劳永逸，每隔一段时间（比如8年左右），随着园林科技的发展和创新的需要，应实时修订，查漏补缺，去粗取精，不断完善。

1.4.3 园林工法研制的意义

开展园林工法的研制是促进行业科学发展的需要。工法是做强做优行业的基础。长期以来工法推进在园林绿化行业没有得到重视，与行业发展极不相称，在全国有些地方甚至是盲点。工法作为施工技术的经验总结、成功经验的标准化，可以把少数人的经验变为多数人的行为，有利于提高行业整体素质。

当前园林绿化行业面临着改革的新形势、新要求。2017年初国家宣布取消园林绿化企业施工资质，全国各地行业主管部门也发出通知，停止办理城市园林绿化企业资质认定。园林绿化施工企业如何在建设市场新秩序中竞争发展，已成为大家共同关心和探讨的主要议题。取消资质，建立新型市场行为评价体系，与国际接轨，这是发挥调节市场机制的趋势。园林绿化行业率先迈出了这一步，这也是"放管服"改革发展的必然。

推进工法的开发利用是"科技兴企"战略的重要内容之一，是园林绿化企业可持续发展和创新创优发展的需要。工法作为推进企业技术进步的重要手段，园林绿化企业必须高度重视，要将工法工作纳入重要议事日程，企业领导要亲自关心支持，要将工法推进作为企业常态工作常抓不懈，要根据企业实际制定工法开发计划，有组织地开展研发和推广应用。

（1）行业发展需要

①工程多，但施工品质不高

这些年城市化进程快速发展，我们建成了许多园林作品，如城市绿道、生态公园等，但真正好的、有代表性的杰作并不多，精品也不多，尤其一些工程施工粗制滥造，一些好的设计不能变成好的作品，只能远看，不能近观。仍然存在施工技术不标准、不规范，高质量的施工技术能力缺失，施工质量不严密等诸多问题。推行工法可以解决施工水平不高的问题，其关键是以规范的技术操作程序解决生产的质量控制，以标准指导生产，以规范保障施工质量，让工法成为促进提升园林绿化建设质量的重要抓手和推动力。

②新技术多，但推广运用慢

新发展阶段的城市建设发展中,科技创新运用进入密集活跃时期。园林绿化在发展过程中面临不少新课题,例如海绵型园林绿化、垂直绿化、水生态植物治理等。大多数企业面临新内容、新技术时,缺乏施工经验,缺少解决办法,需要先行者创新实践,在实践中总结。开发利用工法是行业健康持续、创新创优发展的需要。要将研究开发的新工艺、新材料、新技术、新设备通过工法融入生产实践,加大科技成果转化和推广力度,不断提高园林绿化项目建设,实现技术的创新。园林绿化行业的科技进步,不仅需要设计理念的进步,更需要施工技术的进步,优秀的工法不仅可以保障工程质量,更可以推进新技术、新工艺、新理念。当前推进工法开发,尤其是具备新理念、新工艺的工法开发具有极其重要的现实意义。

（2）企业发展需要

工法水平反映了企业施工的技术水平和施工能力,也是企业核心竞争力的具体体现。工法的储备代表了企业的技术储备和优势,工法的应用推广反映了企业生产技术应用水平和管理的规范性,工法的开发创新直接反映了企业的技术创新能力,这些就是企业的核心竞争力。

推行工法是企业的内在需求,是企业提高发展的内生动力,是自身发展的需要,受益者是企业。推行先进适用的工法有利于推进企业施工标准化、管理规范化,有利于提高企业整体技术素质,是彰显企业技术管理特色,做强、做优、做精企业的重要途径。

（3）改革发展需要

园林绿化行业面临着改革的新形势、新要求。取消施工资质后,园林绿化施工企业如何在建设市场竞争发展新秩序中体现优势,已成为企业共同关心和探讨的主要议题。当前新型市场评价体系如何评判和选择一个企业,主要体现在四个方面:一是基础实力,主要是企业规模、企业业绩（工程业绩）、设备条件、资金信贷能力等;二是技术能力,包括专业技术人员水平、技术专长及技术储备、技术创新能力;三是管理水平,主要是企业运行效率、质量保障、施工管理;四是企业资信,包括企业信誉、履约能力及企业市场行为的规范。

目前一些地方已试点企业信用评价体系建设,已将企业工法列入评分标准。2018年中国风景园林学会颁布的《园林绿化工程施工招标投标管理标准》(T/CHSLA 50001—2018)中将工法列入技术储备,说明市场对工法制度的认可,以及工法研制的必要性。全国部分省份如江苏、江西等省份已将获得的省级工法作为信用分的加分项。工法在体现施工技术能力和管理水平上有着至关重要的作用,是今后衡量企业技术能力和质量保障水平的重要指标。

1.4.4 园林工法的实践运用

2020年国家发布《关于制定国民经济和社会发展第十四个五年规划和二○三五年远景目标的建议》,要统筹推进经济建设、政治建设、文化建设、社会建设、生态文明建设的总体布局,坚定不移贯彻创新、协调、绿色、开放、共享的新发展理念。坚持山水林田湖草沙冰系统治理,构建以国家公园为主体的自然保护地体系。实施生物多样性保护重大工程。强化河湖长制,加强大江大河和重要湖泊湿地生态保护治理。科学推进荒漠化、石漠化、水土流失综合治理,开展大规模土地绿化行动。治理城乡生活环境,推进城镇污水管网全覆盖,基本消除城市黑臭水体。这些发展理念与城市绿化、生态园林建设息息相关。因此,园林工法的研制仍有广阔空间,园林工法的实践应用前景也进一步拓展。

近年来,城市园林绿化建设大发展,城市绿量显著提高。推行工法研究,以规范的技术操作程序解决大生产的质量控制,以标准指导生产操作,以规范保障施工质量。工法是促进提升园林绿化建设质量的重要抓手和推动力,对提高园林绿化建设品质有重要意义。

园林工法的研究起步较晚。随着园林绿化事业的发展,工程建设面临不少新课题,例如海绵型园林绿化、垂直绿化、水生态植物修复治理等,大多数企业缺乏施工经验,需要先行者创新实践。园林工法是针对园林绿化工程以及生态环境治理项目中的创新性课题和技术问题开展的相关工艺标准研究。通过系统的原理把施工技术和施工管理两者结合起来,可以指导园林工程项目。它是对先进的工程施工方法的总结,是对有效施工和有效管理的一种规范化的技术文件,也是园林企业实现施工技术标准化的重要过程。

园林工法是促进提升园林绿化建设质量的重要抓手和推动力,以规范的技术操作程序解决园林生产的质量问题,以标准指导生产操作,以规范保障施工质量。编制好的园林工法可以在植物配置(如植物栽培、种植、草坪、花境、立体花坛、花柱)、景观工程(如庭院道路、广场铺装、园林小品、假山叠石、配套设施)、海绵城市、立体绿化、智慧园林,以及古典园林工程项目实践中推广运用。

第二章 园林工法的编制

2.1 工法选题

2.1.1 工法选题的原则

工法研制是一项系统工作,首先应进行选题,其选题必须整体考虑。工法选题就是根据企业的施工实际情况,选择一项或分部分项工程的核心技术开展工法研制的研究计划。工法必须具有先进、适用和保证工程质量与安全、提高施工效率、降低工程成本等特点。因此,选择什么样的工艺、技术作为工法的内容,是选题首先要考虑的问题。工法应该具有较高的技术含量,有创新,不要选择那些陈旧的、简单的施工技术。工法成果源于工程实践经验的提炼和总结,是工程施工技术与管理的完美结合,应该是经过本企业的施工实践验证过的、成熟的或基本成熟的先进技术。工法的先进性和适用性是工法的灵魂与生命。

工法编写的选题至关重要。工法选题应符合工法的特点,遵循以下原则:

(1)先进性原则。采用的技术应当先进,关键技术要有所创新;申报省级以上工法的技术水平按级别还必须是国内先进水平。应有查新检索、专利、鉴定证明等辅助资料来证明工法的先进性。

(2)创效性原则。工法应能产生明显的经济效益和社会效益等,能够保证工程质量和安全,节能减排,提高施工效率,降低工程成本。通常可以节省工时和原材料,缩短工期,节省设备台班,减少环境污染等。

(3)适用性原则。工法选题还要注重其适应性、成熟度以及推广价值。工法的核心工艺应是工程运用验证的,且值得复制推广的。工法的适用范围越广,其价值越大,所以工法选题时应优先考虑适用于更多建设项目范围的技术。

2.1.2 工法选题的步骤

工法选题的步骤包括技术筛选、查询检索、综合评估、立项定题。

(1)技术筛选

筛选引进和推广新技术、新工艺、新材料、新设备的工程项目,按照技术新颖程度和企业推广中的配套程度由高到低排序;筛选企业独特的工艺,按重要性和复杂性排序;筛选高、大、精、尖工程;筛选高技术含量工程;筛选与政策导向一致的资源节约型的热点方向(节能、生态等);筛选企业遇到的特殊环境和复杂问题的工程,按特殊性排序;筛选企业需普及的工艺,按需要性排序;筛选工程中有实用价值、有规律性的工艺技术,按重要性和复杂性排序;筛选在原有工法基础上发展的新技术,按重要性和复杂性排序;筛选专利、发明的总结,按重要性和复杂性排序。

(2)查询检索

①新颖性查询检索。主要是通过科技情报检索来完成,即科技查新。查新一般分层次检索行业内同类技术和国内同类技术,包括权威网站公布的已通过评审的各级工法名单。一般来说,一定范围内没有此种经验或技术的应用,那么在该范围内项目有新颖性。检索中要注意关键技术数量和质量的区别,只要具备明显区别,就可能具有新颖性。

②先进性查询检索。查看选题中新技术的科技成果鉴定等级、获奖等级,判断先进性程度。

(3)综合评估

①效益方面:经济效益、社会效益、技术经济分析、节能减排;

②保障方面:质量控制、安全保证、环境保护等;

③应用方面:推广应用范围、推广应用情况。

在一次评估完成一段时间(如6～8年)后,可以进行更新再评估。

(4)立项选题

经过工法新颖性、先进性的预测和适用性的评估后,就可以明确工法的必要性和意义,甚至能初步判断出工法等级,工法的选题便可基本确定。

2.1.3　拟定工法的标题

工法选题确定以后,就要对工法名称进行命名。

(1)拟定的工法名称至少应具备两点:一是吸引性,二是概括性。

(2)拟定名称时要做到准确、简洁、新颖、鲜明、质朴、完整、有吸引力。

(3)工法名称结构形式。工法题目须反映工法的特征、对象、条件,标题结构有一定的规律,一般由四部分内容构成:工法对象(包括工程结构或工程部位、工艺类别等)、关键技术或核心工艺、工法功能、工法固有词(题目固定属性)。名称定位要准确,范围要有尺度,范围太小没有推广价值,范围太大超出技术可控的范围。

2.1.4　工法的整体构思

选题拟定后,要进行工法的整体构思。构思过程一般是从建构关键技术结构开始,对关键技术结构进行扩展和发散,构思可以按5个步骤进行:

第一步:确定工法类型,确定关键技术,列出侧重点和主线。

第二步:建构关键技术结构,保证工法核心的完整性。判断是单一工艺,还是组合工艺。省级以上工法评审有专利等知识产权成果会优先考虑。

第三步:围绕关键技术和工程对象构思材料与设备、质量控制、安全措施、环保措施和效益分析部分。

第四步:提炼工法特点和适用范围。

第五步:确定核心内容和要点,列出编写提纲。

2.1.5 选题误区

工法选题应避免以下误区:

(1)切忌选题重复;

(2)选题不宜定在"面"上;

(3)新材料、新设备的生产、单一使用不能写成工法;

(4)没有经过工程建设实践证明的新技术或科研项目不能写成工法;

(5)不具有重复操作性,仅适用于某单项工程的技术不能作为工法。

2.1.6 园林工法选题范围的推荐

随着社会的发展和科技的进步,园林绿化工程涉及的范围越来越广,园林建造的领域发生了巨大改变,逐渐向立体绿化、矿山治理、海洋修复、湿地建设以及生态治理等项目延伸。复杂的工程环境给园林建设和工法的创新带来了新的课题。

现今园林绿化建设相关的项目中常遇到复杂技术条件及环境,如盐碱地、专类园、高陡边坡等。同时受施工环境及自然条件的限制,建造过程中出现的不确定性因素逐渐增加,传统的工艺方法有时并不是适用性最佳的施工技术,所以要在施工技术方法上做创新性、实践性运用。

针对当前园林绿化建设工程项目,园林工法的选题方向可以从以下几方面去考虑:

(1)通过推广新材料、新技术、新工艺、新设备而形成的专项施工工法;

(2)专项施工技术已达到或超过本企业先进水平,在时间上先于同行业而编制的施工工法;

(3)对类似的工法有所创新和发展而形成的新施工工法;

(4)运用系统工程的原理和方法,对若干个分部分项工程工法进行加工整理而形成的综合配套的大型施工工法。

园林绿化工程建设工法由于起步较晚,开发完成的工法成果较少,所以可开发的选题还是比较丰富的。鉴于此,园林绿化工程建设工法选题范围有以下几类:

(1)传统造园技术手段的创新和提升。园林古建营造上综合运用混凝土、钢结构等现代工艺技术,园林古建保护中将传统材料与现代技术相结合,大型土方塑造地形工程技术,使用新型假山材料(如玻璃纤维增强水泥 GRC),生态驳岸工程(如运用复合式生物稳定护坡技术)等。

(2)节约型绿地建构技术和海绵城市技术。如低影响施工技术,地带性植物群落的构建(近自然、低维护的植物群落),雨洪利用(雨水收集系统、初期雨水弃流装置、雨水过滤处理工艺、绿地渗透材料研发),园林绿化废弃物资源化再利用(研制小型可移动的快速降解堆肥装置），节水灌溉等。

（3）人工湿地构建技术和水环境生态修复技术。生态脆弱区域生态系统功能的恢复重建技术，水质保障技术、水流速度和驻留时间控制、水流流线设计、人工填料配比，不同水生态环境的沉水、浮水、挺水湿生植物，以充分发挥人工湿地的生态净化作用，水生生物协同净化作用机理及效力，生物和生态技术集成应用，各类生态床技术，以及自然水系的水型、驳岸和湖（河）底结构模拟等技术。

（4）特殊生态环境绿化工程技术和生态治理技术。盐碱地绿化技术，退化生态环境的生态修复技术（围绕工矿废弃地、垃圾填埋场、公路建设的裸露边坡展开的棕地改造与利用）等。

（5）立体绿化（含屋顶绿化）。灌溉设施、栽培容器、栽培基质、蓄排水材料、隔根材料的研发，绿化植物材料方面的选育并构建应用等。

（6）智慧园林建设，以及数据化、互联网技术等新技术、新材料集成应用。

（7）城市发展的新理念与新方法。

2.2 工法文本的内容组成

《工程建设工法管理办法》规定了工法文本的章节组成和顺序。工法文本由前言、工法特点、适用范围、工艺原理、施工工艺流程及操作要点、材料与设备、质量控制、安全措施、环保措施、效益分析和应用实例 11 个章节组成。

文本组成的章节缺一不可，章节条目不可更改，也不能随意增加章节或颠倒顺序。每章内容的注意事项如下：

（1）前言：概述工法的形成过程、关键技术及获奖情况等内容。包括工法的研究开发单位、该项技术的开发及研究、获奖情况等内容。关键技术的鉴定及获奖情况如果没有可以不写，但针对工法的形成过程应在前言中做出说明。

（2）工法特点：说明工法在使用功能或施工方法上的特点。可以指出园林工法在技术与管理方面的优势。

（3）适用范围：说明适宜采用本工法的工程对象或工程部位。特殊复杂的园林绿化工程也可以规定最佳的技术条件和经济条件。

（4）工艺原理：说明本工法工艺核心部分的原理及其理论依据。若涉及技术秘密的内容，在编写时应予以回避，介绍工艺原理的大致内容。

（5）施工工艺流程及操作要点：说明工法的工艺流程及操作要点。工艺流程不但要说明基本的工艺过程，还要说清程序间的衔接及其关键所在，工艺流程最好采用流程图来描述，给人一目了然、通俗易懂的感觉。

工艺流程及操作要点是工法的重点和核心内容，要按照工艺流程的顺序或者事物发展的客观规律加以叙述。对于用文字不容易叙述清楚的内容，可辅以必要的插图和表格。

（6）材料与设备：指出工法所使用的主要材料的规格、主要技术指标以及质量要求等。指出实施本工法所必需的主要施工机械、设备、工具、仪器的名称、型号、性能以及合理的配置数量。机具设备通常采用列表的方法。

（7）质量控制：说明工法必须遵照执行的国家、地方（行业）标准、规范名称和检验方法，指出工法在现行标准、规范中未规定的质量要求，列出关键部位、关键工序的质量要求，以及达到工程质量目标所采取的技术措施和管理方法。

（8）安全措施：说明工法实施过程中，根据国家、地方（行业）有关安全的法规所采取的安全措施和安全预警事项。

（9）环保措施：指出工法实施过程中，遵照执行的国家和地方（行业）有关环境保护法规中所要求的环保指标，以及必要的环保监测、环保措施和在文明施工中应注意的事项。

（10）效益分析：对采用本工法的工程的质量、工期、成本等指标的实际效果进行综合分析，说明采用本工法所能获得的经济效益、社会效益、环保效益等。在效益分析中，应尽可能提供具体的参考数据。

应从工程实际效果（消耗的物料、工时、造价等）以及文明施工中，综合分析应用本工法所产生的经济、环保、节能和社会效益（可与国内外类似施工方法的主要技术指标进行分析对比）。

（11）应用实例：说明应用工法的工程项目名称、地点、结构形式、开竣工日期、实物工作量、应用效果及存在的问题等，并能证明该工法的先进性和实用性。一项工法的形成一般需有两个工程的应用实例。

按上述内容编写的工法，层次要分明，数据要可靠，用词用句应准确、规范，其内容应满足指导施工与管理实际使用的需要。

2.3 工法文本的编写要求

2.3.1 工法文本格式要求

《国家级工法编写与申报指南》第四部分提出了工法的编写要求，其中工法文本格式要求参照《工程建设标准编写规定》（建标〔2008〕182 号）。

（1）工法内容要完整，工法名称应当与内容贴合，直观反映工法特色，必要时冠以限制词。

（2）工法题目层次要求：

①工法名称；

②完成单位名称；

③主要完成人。

（3）工法文本格式采用国家工程建设标准的格式进行编排。

①工法的叙述层次按照章、节、条、款、项五个层次依次排列。

"章"是工法的主要单元，"章"的编号后是"章"的题目，"章"的题目是工法所含 11 部分的题目。"章"下由多项内容组成的，应分"节"，"节"下分"条"。"条"是工法的基本单元。

编号示例说明如下。

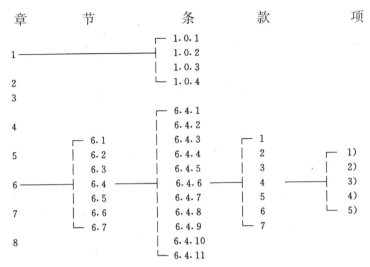

②工法中的表格、插图应有名称,图、表的使用要与文字描述相互呼应,图、表的编号以条文的编号为基础。如一个条文中有多个图或表时,可以在条号后加图、表的顺序号,例如图 1.1.1－1、表 1.1.1－2 等。插图要符合制图标准。

③工法中的公式编号与图、表的编号方法一致,以条为基础,公式要居中。格式举例如下:

$$A=Q/B\times 100\%\qquad\qquad(1.1.1-1)$$

式中,A——安全事故频率;

B——报告期平均职工人数;

Q——报告期发生安全事故人数。

(4)工法文稿中的单位要采用法定计量单位,统一用符号表示,如 m 、m^2、m^3、kg、d、h 等。专业术语要采用行业通用术语,如使用专用术语应加注解。

(5)文稿统一使用 A4 纸打印,稿面整洁,图字清晰,无错字、漏字。

2.3.2　工法编制的注意要点

工法编制宜与工程施工应用同步进行,在工程施工过程中,就应开展原始数据的收集和整理,对施工中发生的重要问题做好记录。在工法的编写过程中,对收集到的资料要认真研究分析,以发掘其内在的规律性,对工法要反复加工,不断修改,使其深度能够满足指导项目施工管理的需要。一篇好的工法通常都要经过反复多次的修改,才能评得较高的等级。

总的来说,工法编写要求通常包括以下几个方面:

(1)文字要精炼,表述要准确;

(2)流程要清晰,逻辑性要强;

(3)使用好图表、数据、示意图;

(4)成果要真实,不允许编造;

(5)要根据工法选题抓住重点,突出难点;

(6)对专业性较强的技术术语要解释,采用法定计量单位。

2.4 工法编写详解

2.4.1 前言

(1)"前言"的编写内容

前言的内容主要包括存在的问题,课题立项原因,工法开发、立项过程、研究过程等,关键技术研究及结果,应用情况,获奖情况(专利、各级奖励)。重点阐明该工法研究过程、工程运用情况、主要技术内容、技术创新点、关键技术、有无专利或者获奖情况、推广情况等。

(2)"前言"的案例与点评

案例1:精细化光影模纹主题花坛施工工法

---

1 前言

国内主题模纹花坛已作为一种重要的景观应用形式出现在各个公园绿化、街道广场中,样式由平面低矮的构图发展到大面积斜面等多种形式。传统模纹花坛建设材料单一、线形粗犷、图案感不强,后期养护不到位还会造成模纹花坛变形或区域斑秃,影响景观效果。

为解决上述问题,某公司在鼓楼 A2 广场主题模纹花坛的制作过程中,将模纹花坛与光影艺术、3D 全息投影技术相结合,将精细化管理贯穿施工全过程。针对传统施工工艺弊端不断地进行钻研,最终研制出精细化光影模纹花坛施工工法,将精细化施工管理贯穿鼓楼 A2 广场光影模纹花坛施工全过程。该工法具体表现在图案定位的精度、模纹花坛与视线的关系、种植的精细化程度、灯光设置与植物关系等方面。植物材料与非植物材料相结合展现了光影模纹花坛植物的艳丽效果,光影艺术、3D 全息投影与园林艺术相结合,使得景观在昼夜环境中呈现不同的光影效果。同时将自主研发的"一种多用途自动灌溉施肥控制系统"(专利号:******)专利产品运用到项目上,实现了全自动精准灌溉养护。

为打造更好的光影模纹花坛景观效果,实现节约型、智能化的精细化施工,特编制此工法,便于该工艺的推广。

点评:

在本案例中,"国内主题模纹花坛已作为一种重要的景观应用形式出现在各个公园绿化、街道广场中,样式由平面低矮的构图发展到大面积斜面等多种形式。传统模纹花坛建设材料单一、线形粗犷、图案感不强,后期养护不到位还会造成模纹花坛变形或区域斑秃,影响景观效果"为模纹花坛建造主要存在的问题,提出了课题立项的原因。

"该工法具体表现在图案定位的精度、模纹花坛与视线的关系、种植的精细化程度、灯光设置与植物关系等方面。植物材料与非植物材料相结合展现了光影模纹花坛植物的艳丽效果,光影艺术、3D 全息投影与园林艺术相结合,使得景观在昼夜环境中呈现不同的光影效果"为该工法关键技术的内容阐述。

"在鼓楼 A2 广场主题模纹花坛的制作过程中"为工法的应用案例。

"将模纹花坛与光影艺术、3D全息投影技术相结合,将精细化管理贯穿施工全过程。针对传统施工工艺弊端不断地进行钻研,最终研制出精细化光影模纹花坛施工工法,将精细化施工管理贯穿鼓楼A2广场光影模纹花坛施工全过程"为工法形成过程、立项过程、课题研究过程。

"一种多用途自动灌溉施肥控制系统(专利号：＊＊＊＊＊＊)"为该工法关键技术的知识产权情况。

案例2：梯级多段潜流人工湿地处理池施工工法

---

1 前言

随着国内经济的不断发展,城市化进程加快,污水排放量不断增加,我国湖泊水体中富营养化状况愈发严重。污水处理厂虽然处理效果好,但是却有投资大、周期长、成本高的缺点。

为解决上述问题,提出了水体修复技术——"人工湿地",并加以应用。其中人工湿地根据水流特性分为表面流和潜流,潜流又分为水平流和垂直流。表面流湿地系统建设成本较低,运行简单。水平流或垂直流人工湿地相对于表面流人工湿地净化效果好,但是控制与运行相对复杂,系统内的氧气有限,对氮、磷的去除效果不是很理想。如何优化修复、净化效果、提高去污效率以及降低建设成本,是人工湿地一项新的课题。

某公司在承建的镇江市象山圩区一夜河水系整治、镇江虹桥港上游改造及河道水质提升等工程中,结合传统单一垂直流湿地结构,并发挥现代工艺和材料的优势,经过不断地研究实验,探索出一套适用于污水处理的梯级多段潜流人工湿地处理池施工工艺,并申请发明专利(专利受理号：＊＊＊＊＊＊)。该技术在解决传统湿地结构的缺陷并进行复合创新改造方面具有重要的意义,在实施过程中取得了明显的技术、经济和社会效益。为了推广该工艺,特编制此工法。

点评：

本案例中,"随着国内经济的不断发展,城市化进程加快,污水排放量不断增加,我国湖泊水体中富营养化状况愈发严重。污水处理厂虽然处理效果好,但是却有投资大、周期长、成本高的缺点。为解决上述问题,提出了水体修复技术——'人工湿地',并加以应用,其中人工湿地根据水流特性分为表面流和潜流,潜流又分为水平流和垂直流。表面流湿地系统建设成本较低,运行简单。水平流或垂直流人工湿地相对于表面流人工湿地净化效果好,但是控制与运行相对复杂,系统内的氧气有限,对氮、磷的去除效果不是很理想。如何优化修复、净化效果、提高去污效率以及降低建设成本,是人工湿地一项新的课题"为立项原因。

"在承建的镇江市象山圩区一夜河水系整治、镇江虹桥港上游改造及河道水质提升等工程中"为应用实践。

"结合传统单一垂直流湿地结构,并发挥现代工艺和材料的优势,经过不断地研究实验,探索出一套适用于污水处理的梯级多段潜流人工湿地处理池施工工艺"为工法形成过程、工法研究结果。

"该技术在解决传统湿地结构的缺陷并进行复合创新改造方面具有重要的意义,在实施过程中取得了明显的技术、经济和社会效益"为该工法的研究和推广情况。

"并申请发明专利(专利受理号:＊＊＊＊＊＊)"为该工法关键技术的知识产权情况。

2.4.2 工法特点

(1)"工法特点"的编写内容

工法特点必须立足本工法的具体内容,针对技术、管理等方面不同于一般工艺的特殊之处,用简练、简洁的语言进行表述。工法特点应具体,表述清晰明了。一般应分为几节表述,可以从以下几个方面进行编制:一是在技术功能和效益等方面的特色,二是施工过程中的工艺特点及长处,三是工期、质量、安全、造价等技术优越性,四是技术或管理优势,五是发展前景和可参考价值。

(2)"工法特点"的案例与点评

案例1:

---

2 工法特点

2.1 该工法将3D全息投影技术与模纹花坛相结合,不同排列组合的灯管在高速旋转下形成不同图案投影至花坛上,与植物科学搭配,相得益彰。

2.2 该施工工艺的LED灯带采用低散热灯珠,运用下埋工艺,下埋高度经过科学计算,合理留出灯珠热量散发空间,避免损伤植物,节能环保;植物材料与非植物材料相结合,利用亚克力发光板和LED灯珠形成光影效果。

2.3 该工艺施工全程进行精细化管理,设计、施工、养护层层把控,为实现最佳视线效果,严格控制尺寸比例,并运用自主研发的"一种多用途自动灌溉施肥控制系统"(专利号:＊＊＊＊＊＊)专利产品,实现全自动精准浇灌。

点评:

本案例的工法特点是融入3D全息投影、自动灌溉施肥控制系统等多种先进技术,阐述了本工法节能环保、智能化、精细化施工及视觉光影效果,内容清晰明了。

案例2:

---

2 工法特点

2.1 工艺清晰、施工简便

突破传统单一湿地类型,下行垂直流和上行垂直流相互组合,并且设计三段湿地处理池作为梯级以形成水位差的工艺,扬长避短,将多种潜流类型与高度差及多种水力流动方式复合为一体。

2.2 水质处理效果好

梯级多段潜流具有独有的多流向复合水流方式,使湿地沿程形成好氧、缺氧、厌氧的多功能区,能极大地提高处理效果。

2.3　建设周期短、运行成本低

梯级多段潜流人工湿地的建设周期在3个月以内，而建设一座传统污水处理厂往往需要1年以上。在处理过程中，人工湿地基本上采用重力自流的方式，处理过程中基本无能耗，运行费用低。另外与传统的单一湿地相比，也具有成本低、维护与运行简单、环境卫生、出水水质好等优点。

点评：

本案例工法从施工简便、处理效果好、周期缩短等方面所存在的优势着手，阐述本工法的先进性和新颖性，并指出了本工法在技术和管理方面的优势。

2.4.3　适用范围

(1)"适用范围"的编写内容

适用范围的编写应明确最适宜采用本工法的工程对象或工程部位，以及针对不同的设计要求、施工环境、工期、质量、造价等条件，适宜采用本工法的工程对象。工法适用范围应尽可能概括所有的适用情况，有些除注明适用范围外，也可强调不适用的范围。

(2)"适用范围"的案例与点评

案例1：

3　适用范围

该工法适用于一些特殊的重大活动或各个节日庆典，可快速营造出五彩缤纷、花团锦簇的节日景观，将气氛渲染得更为热烈。

点评：

本工法适用范围采用限定范围情景的方法，适用于需要快速营造出五彩缤纷、花团锦簇景观的一些特殊重大活动或各个节日庆典。

案例2：

3　适用范围

本工法适用于工业污染、景观水体、城市河道整治、黑臭水体修复等各类梯级多段垂直流、水平流、表面流或者混合流等人工湿地的施工。

点评：

本工法的适用范围采用例举归纳的方式，适用于工业污染、景观水体、城市河道整治、黑臭水体修复等人工湿地的施工。

2.4.4　工艺原理

(1)"工艺原理"的编写内容

工艺原理的编写应包含对关键技术应用的基本原理、关键技术应用的理论基础、关键技术的主要施工过程的阐述。

编写工艺原理应注意以下五点：①区分原理和机理；②原理只要定性说明，为便于理解，可绘制原理图；③对于多原理工法，把主要原理一一说清；④对于必须现场设计的工法，除说明设计原理外，必要时给出设计公式或参数，并附必要的图表；⑤在现有原理基础上的改进型工法或经验型工法，可说明改进的作用机理。

（2）"工艺原理"的案例与点评

案例 1：

> 4　工艺原理
>
> 将亚克力发光板材、LED灯带及3D全息投影仪等亮化材料及设备与主题花坛相结合，形成精细化程度高、光影效果显著的精细化光影模纹主题花坛。

点评：本案例的工艺原理阐述了园林新材料及智能化设备运用，与主题相结合形成精细化光影模纹主题花坛。因该工艺原理是实际应用的技术，所以只阐述了应用的材料、设备和效果，简明扼要。

案例 2：

> 4　工艺原理
>
> 梯级多段潜流人工湿地处理池包含两个下行流和一个上行流处理单元，设计三个处理单元形成梯级，最高水位依次有0.5 m的高度差，污水在这个系统中无须动力，只依靠池中的梯级水位差即可推动水流前进。
>
> 污水首先经过第一下行流处理池向下流动并穿过填料层，在底部汇集后水平流入第二上行流处理池，在池中污水上行流过填料层，通过溢流进入第三下行流处理池，向下流动并穿过填料层，在底部通过排水管汇集后排入河道。
>
> 此工艺给水均匀，水流不易短路，复氧条件好，能有效去除污水中的悬浮物、有机污染物。同时水生植物根系对氮、磷去除效果较稳定。

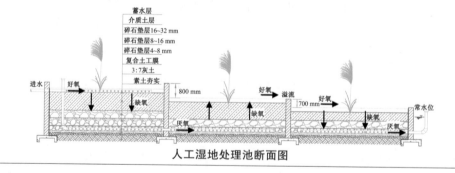

人工湿地处理池断面图

点评：

本案例的工艺原理主要通过图文配合，对梯级多段潜流人工湿地处理池的设计原理、断面结构、工作机理进行了说明，并说明了水质处理污染物的工艺原理。

2.4.5　施工工艺流程及操作要点

（1）"施工工艺流程及操作要点"的编写内容

"施工工艺流程及操作要点"是工法的重要内容,是一部工法的核心部分,这部分内容在工法中占得篇幅最多,通常分为"工艺流程"和"操作要点"两节叙述。

①施工工艺流程

施工工艺流程应该按照工艺发生的顺序或者事物发展的客观规律来编制。重点要讲清基本工艺过程,并讲清工序间的衔接和相互之间的关系以及关键所在。对于构件、材料或机具使用上的差异而引起的流程变化,也应当有所交代。施工工艺流程最好采用流程图来描述,必要时各工序也采用工艺流程图来介绍。

施工工艺流程部分占篇幅很少,但它是工法的一个重要组成部分。施工工艺流程是施工操作的顺序,在工法编制中最好用框图或网络图表示。应注意的是,框图或网络图的设计要合理、严密,不得漏项,同时还应该考虑图的美观。

②操作要点

操作要点是对工艺流程的详细描述。要按工艺流程图对应的各个工序的施工工艺及施工组织管理依次进行介绍。对于使用文字不容易表达清楚的内容,要附以必要的图表。

操作要点这部分内容应详细叙述,其占篇幅较多,需要注意操作要点的详略程度应得当,达到使工法参考使用人员一看就懂,易于交流并能参考使用为佳。操作要点必须对应工艺流程图中的施工顺序进行详细阐释,施工操作中涉及的关键技术、核心内容应当重点描述。

(2)"施工工艺流程及操作要点"的案例与点评

案例1:

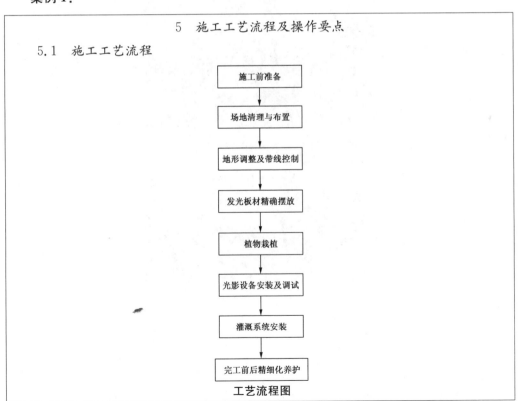

5 施工工艺流程及操作要点

5.1 施工工艺流程

施工前准备 → 场地清理与布置 → 地形调整及带线控制 → 发光板材精确摆放 → 植物栽植 → 光影设备安装及调试 → 灌溉系统安装 → 完工前后精细化养护

工艺流程图

5.2 操作要点

5.2.1 施工前准备

根据设计图纸要求结合现场施工条件,编制切实可行的施工技术方案,并对现场施工人员进行施工技术与安全交底。

(1)沿排水沟线路方向 2 m 范围内,使用挖掘机进行场地平整。施工环境范围内的垃圾、废弃物、植物等应清理出场地,对排水沟进行修整前首先进行检查及数据调查,不能随意开沟、随意填埋。

(2)在基层顶面用经纬仪和水准仪测出排水沟的中心线和标高。为控制线形,每间隔 10 m 做引桩并标出桩顶标高(曲线段根据曲线半径缩短间距),并在地面上用白灰标出开挖线。

5.2.2 场地清理与布置

(1)现场为重点交通节点,围挡高度设置为 2.5 m,减少对行人以及周边环境的影响。

(2)去除现场多余的植物,并用彩条布铺设专门的垃圾清理区,方便垃圾收集与外运。现场将作业内的渣土、工程废料、原有宿根植物、杂草及其他有害污染物清除干净。清理程度应符合设计要求下清 50 cm,如图所示。

场地清理

......

点评:

本案例中工艺流程由工艺流程图表明,清晰明了,操作要点结合工艺流程图一一展开论述,内容翔实、简洁,符合工法要求。

案例2:

5　施工工艺流程及操作要点

5.1　施工工艺流程

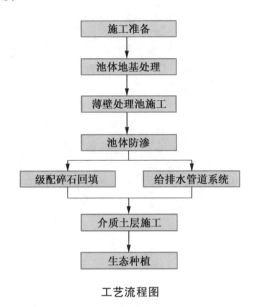

工艺流程图

5.2　操作要点

5.2.1　施工准备

(1)控制测量

熟悉现场已有平面和高程控制点分布情况。根据生态湿地平面图和已有控制点,并结合实际地形,做好施测数据的计算整理,绘制施测草图后进行测量。

……

5.2.2　池体地基处理

(1)基底清理

由机械开挖至平均标高后,再由人工配合清理到设计标高。在开挖的过程中随时注意测量标高,防止超挖,同时也不允许存在欠挖,挖出的碴石随挖随运走。开挖完成后进行基底的清理,清除浮渣杂物。

……

5.2.3　薄壁处理池施工

(1)池壁基础施工

根据图纸画出池壁基础开挖边线,开挖不得扰动基底原状土,并按道路击实标准夯实。同时应按施工方案留置工作宽度和边坡系数,确保边坡稳定防止塌方。

（2）处理池壁施工

池体采用 C25 混凝土，钢筋采用 HRB335。基础保护层厚度 40 mm，其他部位 30 mm。施工缝应高于扩大基础顶面以上 0.2 m。浇筑时对结构密集部位应加密振捣，以防空鼓不实。

处理池壁施工

......

点评：

本案例工艺流程及操作要点描述了梯级多段潜流人工湿地处理池的施工准备、池体地基处理、薄壁处理池施工、池体防渗、给排水管道系统铺设的施工过程，配有数据支持及相应的工艺图片，介绍了工艺施工的详细过程和操作。

2.4.6 材料与设备

（1）"材料与设备"的编写内容

"材料与设备"主要说明工法所使用的主要材料名称、规格、主要技术指标，以及主要施工机具、仪器、仪表等的名称、型号、性能、能耗及数量。对新型材料还应提供相应的检验检测方法，应包括：

①与普通工艺不同的材料列表介绍，与普通工艺不同的设备列表介绍；

②主要材料与设备的文字说明、原理图或示意图；

③自制设备或机具，说明设计原理，附必要的图表；

④主要检测设备情况及主要设备的使用方法。

工法中涉及的有关"材料"的指标数据要严谨、准确。在介绍工法"材料"内容时，除介绍本工法使用的新型材料的规格、主要技术指标、外观要求等，还应注意强调该材料在操作要点中起到的作用，以证明该材料在工法技术的实际应用中是必不可少的。

主要设备和仪器可分节说明，一般使用表格来列出，更直观，一目了然，方便人们参考使用这些设备仪器。由于现代施工设备仪器大多与匹配的软件使用，所以在说明时要介绍配套软件的名称，并与硬件设备一同列出。一般在备注栏中说明使用用途。

（2）"材料与设备"的案例与点评

案例1：

6　材料与设备

6.1　施工材料

6.1.1　模纹花坛植物种植所需材料：营养土、植物材料、塑料薄膜等。

6.1.2　光影效果所需材料：LED灯带、亚克力发光板材、3D全息投影仪等。

6.2　施工机具设备

6.2.1　配套测量仪器：经纬仪、水准仪、标杆、钢卷尺、直尺、水平尺等。

6.2.2　小型施工器具：铁锹、锄头、小推车、修枝剪、扫帚、簸箕等。

6.2.3　主要施工机具：热熔器、增压泵等。

序号	机具名称	单位	备注
1	经纬仪	台	施工放线角度测定
2	水准仪	台	施工放线高度测定
3	标杆	根	定位
4	钢卷尺、直尺、水平尺	把	测距
5	锄头、铁锹	把	平整土地
6	扫帚、簸箕	把	清理垃圾
7	小推车	辆	运输垃圾
8	修枝剪	把	修剪枝叶
9	热熔器	台	连接管材
10	增压泵	台	压力测试

点评：

本案例列出的材料主要是本工法需要用到的特殊材料。仪器设备用表列出，描述了设备用途，内容详细清晰。

案例2：

6　材料与设备

6.1　主要材料

商品混凝土、钢筋、湿地填料、介质土、防水土工布、透水无纺布、PVC管、PVC专用胶水、美人蕉、黄菖蒲等。

6.2　测量仪器

全站仪、经纬仪、水准仪、卷尺、水平尺等。

6.3 机具设备

挖掘机、推土机、装载机、打夯机、钢筋切断机、焊机、振动棒、清水泵等。

投入施工的机具设备需要经过检验合格使用，主要设备见下表。

序号	机具名称	型号及规格	单位	数量
1	挖掘机	徐工 XE270E	台	1
2	推土机	徐工 TY230	台	1
3	装载机	LW500KV—LNG	台	1
4	打夯机	110 型—380 V	台	2
5	钢筋切断机	GJ5—40	台	1
6	焊机	FUSION3C	台	2
7	振动棒	220 V 手提式	台	3
8	清水泵	WFB 自吸	台	1

点评：

本案例列出的材料主要是本工法需要用到的主要材料；施工所用机具设备、测量仪器型号、数量一一列出，简洁明了。因常用设备都通晓用途，所以可以不注明用途。

2.4.7 质量控制

（1）"质量控制"的编写内容

"质量控制"主要说明工法必须遵照执行的国家、地方（行业）标准、规范名称和检验方法，指出工法在现行标准、规范中未规定的质量要求，列出关键部位、关键工序的质量要求，以及达到工程质量目标所采取的技术措施和管理方法。主要包括：严格遵照国家现行规范、标准；国家现行规范、标准还未规定的，本工法涉及的质量标准及控制方法；关键部位、关键工序的质量标准及控制方法。

质量要求和质量控制措施（技术措施和管理方法）是相互关联、密不可分的，没有质量控制措施就达不到质量要求。因此，这两方面都应涉及。另外，编写时应注意说明本工法容易出现质量故障的部位及关键控制点、控制方法和手段。必要时，说明质量数据采集、处理的方法。有些工法的质量要求可依据现行国家、地区、行业的标准、规范规定执行，有些工法由于采用的是新技术、新材料、新工艺，在国家现行的标准、规范中未规定质量要求，因此在这类工法中质量要求应注明依据的是国际通用标准、国外标准，还是某科研机构、某生产厂家的试行标准，以便使工法应用单位明确本工法的质量要求，使质量控制有参照依据。

(2)"质量控制"的案例与点评

案例1：

7 质量控制

工程施工应建立工序自检、交接检和专职人员检查的"三检"制度，并保存完整检查记录。每道工序完成后，应经监理单位（或建设单位）检查验收，合格后方可进行下道工序的施工。

7.1 施工操作遵循的规范

7.1.1 植物及相关栽植质量应符合《园林绿化工程施工及验收规范》（CJJ82—2012）的规定：植物的成活率达到95％以上；地被植物种植：无杂草、无病虫害；植物无枯黄，成活率达到95％以上。

7.1.2 灌溉部分验收应按《喷灌工程技术规范》（GB/T 50085—2007）和《微灌工程技术规范》（GB/T 50485—2020）的规定执行。

7.2 质量验收

7.2.1 工程验收前提交下列文件：设计文件，施工记录，隐蔽工程验收报告，水压试验、管道冲洗和系统运行报告，竣工报告及竣工图纸，监理报告，工程决算报告，运行管理办法。

7.2.2 竣工验收包括下列内容：技术文件的正确齐全；工程按批准的文件要求全部建成；配套设施的完善，安装质量符合相关规范的规定；实测工程主要技术指标符合相关规范的规定。

7.2.3 对工程的设计、施工和工程质量应做出全面评价，并对验收合格的工程出具竣工验收报告。

7.3 质量保证措施

7.3.1 编写切实可行的质量保证技术措施、质量计划、操作规范，并对施工员进行技术交底。

7.3.2 成立质量管理领导小组，对工程全过程进行质量监管控制。

7.3.3 严格把关材料进场检验，使用先进的、计量准确的施工设备，加强对现场施工设备的维护与保养。

7.3.4 树立全员质量管理意识，强化质量责任心，对现场施工人员进行质量培训。

点评：

本案例列出了施工需遵循的现有规范及相应的质量数据标准，然后对本工法中的质量验收内容和质量保证措施进行了详细阐述。

案例 2：

7 质量控制

7.1 施工验收标准

(1)《给水排水管道工程施工及验收规范》(GB 50268—2008)。

(2)《给水排水构筑物工程施工及验收规范》(GB 50141—2008)。

(3)《建筑工程施工质量验收统一标准》(GB 50300—2013)。

7.2 一般规定

(1)施工前,编制施工方案,明确施工质量负责人和施工安全负责人。

(2)施工中,应做好地埋工程的防水、防渗工程的质量验收。

(3)人工湿地竣工验收后,建设单位应将有关设计、施工和验收文件归档。

(4)工程竣工验收后,应向运行管理单位提供运行维护详细说明书。

7.3 主控项目

(1)建立质量管理体系,并应对施工全过程进行质量控制。

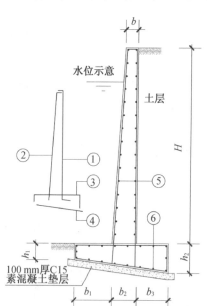

给水口池壁

尺寸(mm)		配筋	
b	200	①	φ22@100
b_1	800	②	φ10@200
b_2	400	③	φ22@100
b_3	500	④	φ14@150
H	3 000	⑤	φ10@200
h_1	400	⑥	φ10@200
h_2	700		

排水口池壁

尺寸(mm)		配筋	
b	200	①	φ22@100
b_1	500	②	φ22@200
b_2	300	③	φ22@100
b_3	500	④	φ14@150
H	2 200	⑤	φ10@200
h_1	300	⑥	φ10@200
h_2	600		

池壁结构配筋图

(2)植物种植不可太密,种植时间宜选择春季。植物种植初期,需定期对其进行养护,以确保植物成活率。植物根系必须小心植入填料表层,以防扰动。施工时,人工湿地床体表面铺设行走木板,保证植物成活。

(3)人工湿地地下构筑物施工时应满足以下规定:

①人工湿地地基应具有一定的稳定性。如基础所在的部位原土为有机土壤或高黏土含量的土壤时,应将土清除,回填坚实基础材料,用小型夯机夯实,压实系数符合设计要求。

②人工湿地池壁采用混凝土结构、砖砌结构或土工布结构时,其施工均应满足《给排水构筑物工程施工及验收规范》等相关技术规范要求。(见图 7.3)

③人工湿地填料需保持良好级配,干净且无泥土残渣,过滤性和透水性良好。填料可以由挖掘斗卸入场地,然后完全采用人工施工,不能压实。如铺设的填料不满足质量要求,必须返工。

(4)人工湿地应做好地下防渗工作,确保底板、侧壁及其连接处不渗漏。

(5)排水管道坡度应符合设计要求,严防出现倒坡。接口严实,无渗漏。承插口管安装时应将插口顺水流方向,承口逆水流方向由下游向上游依次安装。

(6)人工湿地污水处理工程在交工验收前,建设单位应组织试运行。试运行期为一年,施工单位应在试运行期内对工程质量承担保修责任。试运行合格后,建设单位组织竣工验收。

点评:

本案例首先列出了施工所必须遵循的国家、地方(行业)标准,对本工法所要求的一般规定和主控项目进行阐明的同时,列出了关键部位、关键工序的质量要求,包括人工湿地地基和结构的质量控制要点等。

2.4.8　安全措施

(1)"安全措施"的编写内容

"安全措施"主要说明工法在实施过程中,根据国家、地方(行业)有关安全的法规所采取的安全措施和安全预警事项。安全措施包括安全管理措施和安全技术措施。安全管理措施:必须遵守执行的安全法规、关键部位的注意事项和出现问题的现场应急处理方法。安全技术措施:保障措施和防护技术。安全措施应该包括两个方面:人身安全和工程安全。

(2)"安全措施"的案例与点评

案例 1:

8　安全措施

8.1　以"安全第一,预防为主"为原则,完善劳动保护措施,严格执行安全技术操作程序,严禁违章指挥,严禁违章作业,做到三不伤害:不伤害自己、不伤害别人、不被别人伤。防范各类事故、事件发生,遇突发事故及时上报处理。

8.2　认真做好安全教育和培训工作,包括:

(1)认真落实"安全第一、预防为主"的安全方针,做好职工的"三级"安全教育,即入场教育、公司级的安全教育、班前安全教育。要提高职工的安全防护意识,确保施工期间安全无事故。

(2)对所有进场人员必须先进行安全知识普及教育,贯彻有关安全生产文件精神,遵循安全规章制度,并坚持与职工上岗前、更换工种前进行专业安全知识培训,合格后方可上岗操作。

8.3 制定安全应急救援预案,对危险源有相应的防护措施和应急救援方法,做好其他有关工作,包括:

(1)施工作业人员进入现场必须穿戴劳动保护用品。

(2)做好安全防范工作,杜绝治安事件发生。

(3)做好安全防火工作,制定防火、灭火措施。

(4)工人进入施工现场必须佩戴安全帽、身披安全绳、脚穿防滑鞋,严禁穿拖鞋、高跟鞋、硬底鞋,赤脚,不戴安全帽和安全绳进入施工现场。

(5)施工现场禁止随地大小便,讲究个人卫生,不乱扔垃圾、乱泼污水,每天应有专人清扫室内外卫生。

(6)施工现场的各种管道都应保护完好,关紧水龙头,不能有漏、冒、滴等现象。

(7)施工现场剩余的建筑材料、构件应及时清检并归放原地,建筑垃圾及时清扫集中,做到工完场清,各种垃圾一时未能清运的,均应堆放整齐,且应插牌标出名称及品种。

(8)严格控制噪声源和有害物质的污染,现场不扬尘,现场不得焚烧有害物质,尽量减少对居民休息和学习的影响。

(9)严禁工地周边施工作业不设置围蔽,不设置遮挡尘土设施。

(10)夜间作业电源应独立设置,确保足够的照明用于施工。

(11)严禁电线乱拉乱接、裸插,临时用电箱、电线必须架设,不得拖地、近水或浸水。

点评:

本案例中针对施工人员、突发事故防范等安全环节等进行了说明,着重对安全管理和应急预案等方面提出了要求。

案例2:

8 安全措施

(1)根据公司安全管理制度及安全操作规定,制定切实可行的现场安全制度。

(2)成立以项目经理为组长、各部门和各工种负责人为成员的项目安全管理小组,配齐专职安全员,佩戴标志上岗值班,确保制定的安全制度得到落实。

(3)安全领导小组要定期组织检查,各级安全员经常检查,及时发现问题,及时纠正问题,把事故消除在萌芽状态。

（4）针对本工程作业的特点，把施工用电、基坑作业作为安全隐患控制点，加强预防，加强事前监控力度。严禁各种违章指挥和违章作业行为的发生。

（5）建立安全生产经济承包责任制，对安全隐患进行检查后做及时处理，并做到奖罚兑现，用经济手段保障安全。

（6）认真做好防火、防盗、交通安全工作，严禁各类事故发生，保证施工的顺利进行。

（7）安全教育要经常化、制度化，对所有参加施工人员进行安全上岗培训，开工前进行系统安全教育，开工后抓好"三工教育"，还要通过安全竞赛、标语、图片等形式教育工人注意施工安全。对施工人员进行交通安全、生产安全、用电安全等专项教育，避免事故的发生。

（8）施工区搭设标准围护栏，设立安全标志，专人值勤，保证施工区安全。

点评：

本案例中对本工艺容易产生安全问题的环节所需的安全措施和安全预警事项，包括安全管理小组、安全制度、人员培训等进行了说明。

2.4.9　环保措施

（1）"环保措施"的编写内容

环保措施的编写需结合工法特点，指出工法实施过程中需要遵照执行的国家和地方（行业）有关环境保护法规中所要求的环保指标，以及必要的环保监测、环保措施和在文明施工中应注意的事项。编写内容主要包括：水土保持，大气、噪声、设备车辆对环境的污染控制，生产和生活废物的处置、人员的健康，树木、文物的保护，降低或消除污染的程度，达到环保指标的情况，长远、间接的环境效益。

（2）"环保措施"的案例与点评

案例1：

9　环保措施

9.1　施工前编制专项环境管理方案。

9.2　施工现场采取覆盖、固化、洒水等有效措施，做到不泥泞、不扬尘。

9.3　施工现场的材料存放区、大模板存放区等场地平整夯实。施工现场要做到工完场清，保持整洁卫生、文明施工。

9.4　在组织施工过程中严格执行国家、地区、行业和企业有关环保的法律法规和规章制度。认真学习《环境保护法》，严格执行当地环保部门的有关规定，会同有关部门组织环境监测，调查和掌握环境状态。

点评：

本案例中针对本工法所涉及的扬尘、文明施工、环保要求等环保措施进行了一一要求，并提出了严格执行有关环保法律法规的要求。

案例 2：

> ### 9 环保措施
>
> #### 9.1 道路环保
>
> （1）为了减少施工作业产生的灰尘，在施工过程中，我方将配备两台洒水车，定时向路面洒水，定期修整、清洁路面，减少并防止尘土飞扬。
>
> （2）所有出入施工现场和施工道路的车辆、机械，在冲洗后才能驶入公共道路。
>
> （3）对传送、运输、转移过程中产生多尘的物料均应采用封闭的车辆进行运输。
>
> （4）多尘物料应用盖布遮住，减少因风或其他原因引起的粉尘。对经常取料的物料应洒水降尘。
>
> #### 9.2 河水环保
>
> （1）制定切实可行的废水处理、排放措施，防止施工废水和生活污水污染周围土地，并在所有建筑物及设施周围设污废水排放系统。
>
> （2）施工中严禁向河中倾倒垃圾、杂物、废油等。

点评：

本案例针对人工湿地处理池施工中施工现场平面布置和组织施工等方面涉及的扬尘、清洁、文明施工等环保内容做了规定，并阐述了在文明施工中的注意事项。

2.4.10 效益分析

（1）"效益分析"的编写内容

"效益分析"的编写要从工程实际效果（消耗的物料、工时、造价等）以及文明施工的角度，综合分析应用本工法所产生的经济、环保、节能和社会效益（可与国内外类似施工方法的主要技术指标进行分析对比）。效益分析包括经济效益、社会效益、技术效益、环境效益、节能效益等，其中经济效益、社会效益、环境效益（生态效益）三部分是必选项，并需分节表述。对工法内容是否符合国家关于建筑节能工程的有关要求，是否有利于推进（可再生）能源与建筑结合配套技术研发、集成和规模化应用等也应有所交代。

（2）"效益分析"的案例与点评

案例 1：

> ### 10 效益分析
>
> #### 10.1 经济效益
>
> 光影模纹花坛能够美化城市环境，是优美的城市景观不可分割的组成部分，高品质的城市景观有助于提升城市形象和知名度，可带动城市经济良性发展，对城市生态经济发展具有一定的促进作用。

示范案例采用亚克力发光板材、LED灯带及3D全息投影仪等节能材料营造光影效果,与传统的灯光相比,在花坛主题的表现方面内容更加丰富生动;采用的多用途自动灌溉施肥控制系统与传统人工灌溉相比更加精细化、科学化。在资源方面,就示范工程来说,虽然前期投入要大于传统方式,但节能材料可以减少后期资金的投入,且在后期养护期间日常管理便捷,基本无须人员到场。

10.2　社会效益

光影模纹花坛生动的造型、缤纷的色彩及鲜明的主题寓意,对地方文化特色、时代精神、园林绿化水平等起到一定的宣传作用,对提升一个城市的城市形象和艺术面貌有重要作用,具有时代感和民族感。

以示范为例,在2019年国庆期间建设"鲜花国旗"花坛,充分展现了国旗的威严庄重,是园林人为庆祝新中国成立70周年献出的一份特殊的贺礼。"我爱南京"光影模纹花坛由不同色彩和质感的植物材料组成图案或字样立体造型,有标志和宣传的作用。"天使的春天"模纹花坛贴近时事,致敬医护人员。

10.3　环保效益

光影模纹花坛以植物为载体,以植物作为景观艺术作品中的基本表现单位。通过研究其主要景观组织所具有的色彩、质感等观赏特性,结合项目主题要素进行造型设计。可提升景观层次,多角度丰富城市彩化、亮化,合理增加花坛植物间的留白区域,有助于减少城市污染,改善城市环境,具有显著的生态效益。

示范案例中使用1.5万颗红色LED灯珠,总消耗功率不超过2 100瓦;自动灌溉的使用不仅能在日常养护所需灌溉水量方面提升水资源利用率,提供稳定、可持续性强的水源供给,而且对植物的生长也有一定的好处,间接做到省时省工,减少各方面的资源浪费。

点评:

本案例分别评价了经济效益、社会效益和环保效益。经济效益体现了日常养护的便捷与后期的投入减少;社会效益反映了营造出浓厚节日氛围的应用效果;环保方面则重点表述了低能耗的灯光和自动灌溉系统在水资源方面的节约,效益分析内容完整。

案例2:

10　效益分析

10.1　经济效益

本工法采用梯级潜流流技术施工,减少了运行管理费用,同时通过阶梯复合的创新增强了处理效果和去污效率。梯级多段潜流人工湿地处理池与传统同规模潜流人工湿地污水处理经济效益对比如下表所示,经济效益计算采用日最高污水处理量×污水回收利用率×年运行时间×回用水价格,年运行时间采用全年天数—去年维护时间,回用水价格采用0.3元/t。

梯级多段潜流人工湿地处理池与传统同规模潜流人工湿地污水处理经济效益对比

	梯级多段潜流人工湿地处理池	传统同规模潜流人工湿地污水处理
日最高污水处理量	10 000 m³/d	7 000 m³/d
污水回收利用率	60%	40%
月平均维护时间	3 天	9 天
经济效益	592 200 元	215 880 元

本工法采用梯级潜流技术施工,减少了65%的维护时间,提高了去污能力,同时通过阶梯复合的创新增加了40%的处理量和20%的回收效率,同规模下相比传统模式经济效益显著。

10.2 环保效益

在材料选择方面,大量运用天然椰糠介质土替代普通土壤,既有利于水生植物的生长,也处理了大量废弃椰壳,同时加工过程无污染,科学环保。

10.3 社会效益

本工法能够既快又好以及环保地进行湿地的施工,符合市场需求,同时为复合湿地施工探索出一条新路,延长了复合湿地的使用周期,减少了维修频次,有利于提高施工企业的技术水平和增强竞争实力,是一项值得推广的施工工法。

点评:

本案例分别从经济效益、环保效益和社会效益三个方面进行分析。经济效益通过对原有传统同规模潜流人工湿地工艺和本工法工艺的对比,从工程实际效果分析了本工法在工期、质量、造价等方面的优势。环保效益和社会效益分析了本工法在材料和技术管理等方面的优点,工程实际效益明显。

2.4.11　应用实例

(1)"应用实例"的编写内容

"应用实例"的编写要说明应用工法的工程项目名称、地点、结构形式、开竣工日期、实物工作量、应用效果及存在的问题等,并能证明该工法的先进性和实用性。一项成熟的工法一般应至少有两个工程实例。有些大型工程项目的工法或技术较为复杂的工法在实际运用时已成为成熟的先进工法。因特殊情况仅在一项工程中应用的,应提供必要的鉴定或论证材料,要说明缘由,并指出其成熟可靠性和潜在的推广价值。

编写时应注意两个方面:一是应用效果,内容包括技术分析、经济效益、社会效益等方面;二是能够证明该工法的先进性和实用性,证明其具有推广应用的前景。

(2)"应用实例"的案例与点评

案例 1：

11　应用实例

实例 1："天使的春天"主题光影模纹花坛

该项目位于南京市鼓楼 A2 广场，总面积 138.24 m²，是为迎接南京援鄂医护人员回宁而建设的花坛。该项目由 2 万多株花卉搭配白色卵石等材料组成，由鲜花构成了一个白衣天使的形象，女医护侧颜闭目，摘下帽子，仿佛在享受春日的阳光。加上 3D 全息投影，夜幕降临，花坛散发流光溢彩，呈现蝴蝶飞舞的景象。

"天使的春天"主题光影模纹花坛

……

案例 2：

11　应用实例

实例 1：镇江市象山圩区一夜河水系整治工程

本工程位于镇江禹山路以北，象山花园片区。河道总长 4.9 km，由西向东汇入长江。本工程所治理河道范围西起禹象路、北至老江堤，总长约 2.4 km。采用人工湿地技术对河道两岸的污水和初期雨水进行综合治理，每天最高处理水量 10 000 m³。

一夜河人工湿地

> 由于河道污水中氮、磷含量过高,经过技术磋商,决定在工程中运用我司研发的梯级多段潜流人工湿地处理池施工工法进行人工湿地施工。由于弃用传统的单一类型湿地,因而大大改善了处理效果,获得了业主和监理的一致好评,经济效益、生态效益和社会效益显著。
>
> ......

点评:

上述2个案例首先介绍工程的位置、规模,其次着重介绍了与工法相关的技术和效果。案例表述清晰,配合照片展示实际施工效果,表现出该工法的先进性和实用性。

2.5 工法申报附件介绍

2.5.1 科技查新报告

科技查新(简称查新),是指具有查新业务资质的查新机构根据查新委托人提供的需要查证其新颖性的科学技术内容,按照《科技查新技术规范》(GB/T 32003—2015)进行操作,并给出结论(出具查新报告)。查新报告包括封面、正文及签名盖章等内容,正文为查新报告的核心。

科技查新报告样式如下图所示:

三、查新点

四、查新范围要求

要求查新机构通过查新，证明在所查范围内有无与查新项目相同或类似的报道。

五、文献检索范围与检索策略

国内数据库

1.中国知网中国期刊全文数据库	1994—2020.7
2.重庆维普中文科技期刊数据库	1989—2020.7
3.万方数字化期刊全文数据库	1983—2020.7
4.中国学术会议论文数据库（知网、万方）	1989—2020.7
5.中国学位论文数据库（知网、万方）	1982—2020.7
6.中国科技成果数据库	1989—2020.7
7.中国专利数据库	1985—2020.7
8.国家科技成果网（科学技术部）	1978—2020.7
9.中国科技论文在线（教育部科技发展中心）	2003—2020.7
10.中国学术会议在线（教育部科技发展中心）	2005—2020.7
11.中国科学文献服务系统	1985—2020.7
12.www.baidu.com等网络资源搜索	2020.7.23

检索词

检索式

六、检索结果

依据上述检索范围和检索策略，共检索到相关文献40多篇，其中密切相关文献8篇。

七、查新结论

该委托查新项目　　　　　　，要求查新检索：

综合分析检索到的国内相关中文文献，并与委托项目的查新点进行对比分析，得出以下结论：

经检索并对国内相关文献分析对比结果表明：

　　　　　　并未见相同报道。

查新员（签字）：　　　　查新员职称：馆员
审核员（签字）：　　　　审核员职称：副研究馆员
（科技查新专用章）

八、查新员、审核员声明

1.查新报告中所陈述的内容均以客观文献为依据；

2.我们按照科技查新技术规范进行查新、文献分析和审核，并做出上述查新结论；

3.我们获取的报酬与本报告中的分析、意见和结论无关，也与本报告的使用无关；

4.本报告仅用于申报江苏省省级工法。

查新员（签字）：　　　　审核员（签字）：

九、附件清单

相关文献检索结果清单，详见（六、检索结果）一栏。

十、备注

1.本查新报告无查新机构的"科技查新专用章"、骑缝章无效；

2.本查新报告无查新员和审核员签名无效；

3.本查新报告涂改无效；

4.本查新报告的检索结果及查新结论仅供参考。

2.5.2 科技成果证明

伴随着工法课题的深入研究，一些关键技术和工艺方法经过系统化、科学化的归纳总结，可以编制或申请相关的技术标准、科技鉴定报告、专利证书、科技成果获奖证明。工法在开发研究过程中也可以运用一些现有的技术标准或者专利。

（1）技术标准是标准化领域中协调统一的技术事项所制定的标准，它是从事生产、建设及商品流通需要共同遵守的一种技术依据。建设工程标准是工程建设中为各类工程的勘察、规划、设计、施工、安装、验收等制定的标准。

技术标准封面样式如下图所示：

（2）科技鉴定报告又称技术鉴定书、科技成果鉴定书，是对科技成果进行评定后写成的鉴定性文件。它主要是对科技成果进行技术鉴定，对科学研究结果做出判定，使得科学技术成果经过技术鉴定得到认可，以保证其质量，有利于科技成果的推广。

科技鉴定报告封面样式如下图所示：

(3)专利指专有的利益和权利(专利号:ZL ××× ×××)。工法中运用的专利分为发明专利和实用新型专利。发明专利权期限 20 年,实用新型专利权期限 10 年。

专利样式如下图所示:

(4)科技成果奖是一个统称,主要指政府或主管部门授予的科技奖项,如自然科学奖、技术发明奖、科技进步奖、成果推广奖等。

科技成果奖样式如下图所示:

2.5.3　企业批准文件

企业批准文件是工法的重要材料之一,是研究、开发、审批、公布企业工法的内部重要文件。经企业批准发文后,该工法即可成为企业级工法。企业工法批准文件的格式没有固定要求,园林绿化企业可结合企业内部的发文格式,也可参照下文模板进行编写,最后加盖企业公章,形成正式的文件。

企业批准文件格式参考模板:

××××××有限公司

××××字〔20××〕××号

关于批准《××××××施工工法》等工法为第十批企业级工法的通知

各分公司、部门、项目部:

　　经项目部申报,公司研发部审查推荐和公司工法评审委员会评审,公司决定将《×××××施工工法》《××××××施工工法》《××××××施工工法》三项工法,批准为公司的第十批企业工法,现予以公布。

　　希望各分公司、部门、项目部积极推广应用。在今后的工作中要积极开展科学研究工作和创新、创优工作,积极开展工法的研发和编写工作,以提升公司的科研水平,增强公司的市场竞争力。

　　特此通知。

　　附:《企业工法目录》

××××××有限公司

20××年×月×日

附:企业工法目录

1.《××××××施工工法》	工法编号　××××gf-××-01
2.《××××××施工工法》	工法编号　××××gf-××-02
3.《××××××施工工法》	工法编号　××××gf-××-03

2.5.4　工法的应用证明

工法的应用证明主要是为了证明本工法在工程实践中的实际运用情况。出具证明的单位可以是建设单位(业主),也可以是监理单位。

应用证明格式参考模板:

《×××××× 施工工法》应用证明

由××××××××××××公司施工的××××××××××××工程位于×××××××××××××××××× ×(工程概况),工程开竣工日期为×× ××年××月至××××年××月。

该公司××××××××××中运××××××施工工法,不仅×××××× ××××××,而且××××××(讲工法使用对工程建设产生的好处)。

特此证明。

建设单位:×××××××

20××年××月××日

2.5.5　工法的经济效益证明

工法的经济效益证明主要是为了证明本工法在工程实践中产生的经济效益,由公司的财务部门出具证明。

需要说明的是,经济效益可以是工程建造成本降低,也可指整个建设项目的综合经济效益的提高,特别是在应用新技术、新材料、新设备的时候,分项成本可能增加,但总体项目的经济成本往往有所降低。

经济效益证明参考模板:

《×××××× 施工工法》经济效益证明

××××××工程位于××××××,为××××××投资建设,由×××××× 公司施工。工程中采用了 ××××××施工工法,××××××都按照工法流程操作。××××××(此处描述成本对比降低情况)。总计为业主节约资金×××××× 万元左右,同时提高企业利润××××××万元。本工程于××××年××月××日 开始施工,××××年××月××日完成。

××××××公司财务部

20××年××月××日

2.5.6 工法的无争议声明

工法的无争议声明主要是为了对工法中涉及的知识产权做出无争议证明。工法的主要完成单位和个人要盖章、签字。

另外,对工法在研发及应用过程中是否涉及其他核心技术、专利等需声明的内容,需一并说明。需要保密的核心技术等内容,也可写在声明书中。

工法的无争议声明格式参考模板:

《××××××施工工法》无争议声明书	
工法名称	××××××施工工法
工法主要完成单位	××××××有限公司
工法主要完成人	

声明人在此声明:

1. 声明人在本工法的研发完成及应用过程中的所有工作成果,其知识产权无争议地属于本工法主要完成单位所有。

2. 声明人与本工法的其他主要完成人以及任何第三人不存在任何与本工法有关的知识产权争议。

3. 以上事项如发生知识产权争议,由声明人自行承担所产生的一切法律责任。

声明人:　　　(签字)　　　　　　20××年××月××日
声明人:　　　(签字)　　　　　　20××年××月××日
声明人:　　　(签字)　　　　　　20××年××月××日
声明人:　　　(签字)　　　　　　20××年××月××日
声明人:　　　(签字)　　　　　　20××年××月××日

声明单位在此声明:

本工法的研发及应用过程中的所有工作成果,其知识产权无争议地属于本工法主要完成单位所有。

声明单位与本工法的其他主要完成人以及任何第三方不存在任何与本工法有关的知识产权争议。声明人在本工法的研发及应用过程中的所有工作成果,其知识产权无争议地属于本工法主要完成单位所有。

以上事项如发生知识产权争议,由声明单位承担所有的一切法律责任。

声明单位:(盖章)
20××年××月××日

2.5.7　施工要点照片

工法的施工要点照片应能够反映工法施工的各个重要节点,而不是完工后的一系列景观成品照片。这个就要求企业在工程施工过程中,要有意识地积累相关的影像资料,每道重要工序都要留有相关的照片佐证(如下图所示)。

按工法编制要求,照片一般不少于 10 张,要求图片清晰,反映现场施工的细节和要点。

施工要点照片参考图如下:

河道清淤

池体底基层灰土处理

池体周壁钢筋绑扎

池体中段挡墙砌筑

池底复合土工膜防渗处理

给排水管道开孔

给排水管道安装

碎石填料

介质土回填平整

湿地内植被种植

第三章 | 工法查新与专利申请

3.1 工法的查新

3.1.1 工法查新的含义

查新通常指科技查新(简称查新),就是当用户需要进行科研立项、申请专利成果、鉴定成果等时,由用户提出科技查新的要求,并提供一定的查新文字材料,并提供需查内容的检索词,再由审查人员在较广泛的各种信息数据库中进行检索,分析检索到的信息与用户查新内容的相关性,再撰写综合性对比分析,出具查新报告,并将检索结果返回给用户。

工法的查新目前都是涵盖在科技查新范围内的。工法查新就是用科技查新方法查询工法中关键技术是否具有新颖性,并出具查新报告。工法查新对企业来说是获得准确信息的途径,企业可以了解工法与相似检索内容有关的创新性研究的现状信息,进而了解工法关键技术的先进水平。工法查新报告是工法申报中重要的附件材料。

3.1.2 工法查新的必要性

企业在工法申报、工法研发立项及工法成果鉴定、成果报奖等申请之前需要进行工法查新,原因在于以下几点:

(1)了解工法的创新性,避免相似技术的重复研究,通过工法查新可以检索到现有技术内容,并且知道自己的研究领域或技术领域的研究进展,避免重复研究,造成大量人力、物力、财力的浪费。

(2)减少工作的盲目性,通过工法查新掌握将要进行申报的项目或技术的国内外研究现状及发展优势,从而减少工法研究编制的盲目性,有针对性地开展工法研制工作。

(3)工法查新是申报省级工法的必要条件,申报省级、国家级工法必须要出具查新报告。评审时,评审人员可以通过工法查新报告对该工法应用的技术先进性或新颖性做出判断。

3.1.3 工法查新的内容

工法的查新具体包括如下 3 项内容:

(1)工法的技术要点。是工法查新时需要提供的材料,应根据工法文本材料及其核心技术资料编写查新概要,重点表述主要技术特征、参数、指标、发明点、创新点、技术进步点等。

（2）检索过程与检索结果。对工法查新时选用的检索系统、数据库、检索年限、检索词、检索式事先进行了解，可先行预测检索命中的结果，避免检索不准确或重复而造成资源浪费。

（3）查新结论。工法查新由查新机构进行新颖性及先进性对比分析，最后得出查新结论。查新结论在报送前需仔细研读，判断查新结论是否符合工法查新要求，如果判断不符合要求，需及时修改工法，并重新报送查新。

为避免因查新结论不符合预期需求，在查新前应自行通过网络查询等渠道预判，并提供合适的查新要点和检索词。

3.1.4 工法查新的流程

查新流程如下所示：

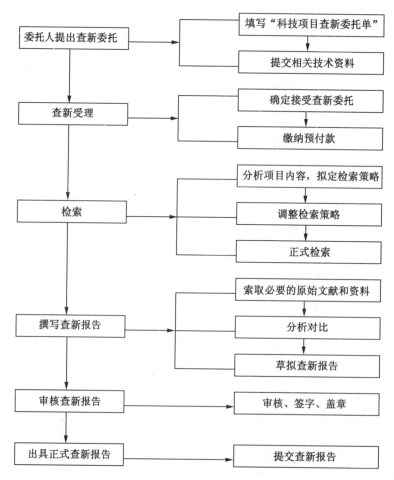

（1）选择科技查新机构。从中华人民共和国科技部网站获悉，科技部（原国家科委）认定了38家国家一级科技查新咨询单位，教育部系统认定了102家查新站，各级科技管理部门、原卫生部、行业学会等授权了一批二级查新机构。据初步估计，目前各级行政部门认定的查新机构已超过300家。因此,具有科技查新资质的机构非常多,可以满足各地区申报工法需求。企业应尽量选择企业所在城市或项目所在城市的查新机构,便于与查新机构沟通交流,并及时修改查新材料。

(2)登录查新机构系统。目前科技查新机构都有相应网站,网站有科技查新的在线联系方式、邮箱等。以江苏省科技情报研究所为例,可以通过江苏省科技情报研究所主页进入"科技查新服务平台"(如下图所示),依据要求进行注册进入查新系统,根据用户自身查新的要求将查新点和查新技术要点等内容逐项填写,最后进行缴费等待查新报告。

科技查新合同文本模板:

教育部部级科技查新工作站

科 技 查 新 合 同

查新项目名称		中文:				
		英文:				
委托机构	机构名称					
	通信地址					
	邮政编码		电子信箱			
	负责人		电 话		传 真	
	联系人		电 话		QQ、MSN	
查新机构	机构名称					
	通信地址					
	邮政编码		电子信箱			
	联系人		电 话		传 真	
	查新员		电 话1		电 话2	
依据《中华人民共和国民法典》(合同篇)的规定,查新合同双方就_____项目的查新事务,经协商一致,订立本合同。						

一、查新目的、查新点与查新要求(查新点即查新委托单位需要查证的、自我判断的技术新颖点、创新点)

查新目的:立项(　　)鉴定(　　)报奖(　　)其他(　　)_____

查新范围:国内(　　)国外(　　)

查新点:

二、查新项目的科学技术要点

1、项目研究背景(概述 100～200 字)

2、本项目研究主要内容(概述 100～200 字)

3、检索词

三、查新委托人提供的资料目录(委托单位已有的与查新项目密切相关的参考资料、工具书、文献以及其他信息资源等)

四、合同履行的期限、地点

本合同在20　　年　　月　　日之前在教育部科技查新工作站(　　　　　　)履行。

五、保密责任

六、查新费用及其支付方式

(1)一次总付:人民币　　　　　元,时间:　　　　　　　;

(2)分期支付:　　　　元,时间:　　　　　;

　　　　　元,时间:　　　　　;

支付方式:现金(　) 转账(　) 其他　　　　　

七、违约金或者损失赔偿的计算方法

(1)违反本合同第　　　约定,　　方应承担违约责任,承担方式和违约金额如下:

(2)违反本合同第　　　约定,　　方应承担违约责任,承担方式和违约金额如下:

(3)其他

八、争议的解决方法

在合同履行过程中发生争议,双方应当和解解决,也可以请求_____进行调解。

双方不愿和解、调解解决或者和解、调解不成的,双方商定,采取_____方式解决。

(1)因本合同所发生的任何争议,申请仲裁委员会仲裁;

(2)按司法程序解决。

九、名称和术语的解释

十、合同附件

1、委托人为个人签字有效。

2、合同签订后因查新点变更,工作周期顺延费用,按加急日增加。

十一、本合同一式两份,自双方签字盖章后生效。

委托人(盖章):   查新机构(盖章):

代　表(签字):   代　　表(签字):

订立地点:教育部科技查新工作站(　　　　大学)

订立日期: 20　年　　月　　日

(3)获取查新报告。具有查新业务资质的查新机构根据查新委托人提供的需要查证其新颖性的科学技术内容,按照《科技查新技术规范》(GB/T 32003—2015)进行操作,并给出结论,出具查新报告。查新报告包括封面、正文及签名盖章等内容,正文为查新报告的核心,正文主要内容一般包括查新目的、技术要点、查新点、查新范围、检索范围、检索词、查新结论、检索结果等内容。查新报告获取时间一般在提出查新委托后 7 天之内,也可以加急拿取报告,具体时间以查新机构承诺为准。

3.2　专利

3.2.1　专利概述

(1)专利的定义

专利是指国家授予专利权人对其发明创造享有的专有权,国家保护专利权人的利益,使其公开发明创造的技术内容有利于发明创造的应用。目前国内专利分为发明专利、实用新型专利和外观设计专利。为了保护专利权人的合法权益,鼓励发明创造,推动发明创造的应用,促进科学技术进步和经济社会发展,我国现行颁布实施的《中华人民共和国专利法》中详细规定了申请专利的条件、申请专利的内容以及申请专利审查时间等有关要求。

(2)专利制度的发展

①世界专利制度:世界专利制度的发展大体分为四个阶段。第一阶段为初始萌芽阶段(1474—1789),威尼斯共和国建立了世界上最早的专利制度,它于 1474 年颁布了专利法;第二阶段为国家普及阶段(1790—1885),继英国之后,美国也在 1790 年颁布了专利法,直至巴黎公约缔结,日本建立专利制度;第三阶段为国际合作阶段(1883—1994),从巴黎公约缔结直至 TRPS 协议签订;第四阶段为世界一体化阶段(1995—20××),始于 TRIPS 协议,直至建立世界一体化专利体系。

②中国专利制度:1950 年颁布了《保障发明权与专利权暂行条例》,1963 年公布了《发明奖励条例》,1984 年通过了《专利法》草案,此后经过四次修订,最近一次修订在 2020 年。

(3)专利的分类

我国将专利法律关系的客体,即专利法保护对象统称为发明创造,分为发明、实用新型、外观设计三个类型。

发明:指对产品、方法或者其改进所提出的新的技术方案。

实用新型:指对产品的形状、构造或者其结合所提出的适于实用的新的技术方案。

外观设计:指对产品的形状、图案或者其结合以及色彩与形状、图案的结合所做出的富有美感并适于工业应用的新设计。

(4)专利权的性质

专利权是指专利的时效性、排他性、地域性。

时效性：专利权保护的时效性意味着仅在一定的期限内对专利权予以保护，超过这一合理期限，专利权失效，相关发明创造所涉知识或信息进入公共领域。最新的规定是发明专利的保护期限是 20 年，实用新型专利的保护期限是 10 年，外观设计专利的保护期限是 15 年(自 2021 年 6 月 1 日起实施)。

排他性：是指专利权具有排除他人实施、利用的特质。

地域性：由于专利权一般是国家专利主管部门依据本国法律授予的，因而专利权通常仅在授予国主权范围内有效。

(5)专利的性质

专利具有新颖性、创造性、实用性。

新颖性：指在申请日以前没有同样的发明或者实用新型在授予国出版物上公开发表过、公开使用过或者以其他方式为公众所知，也没有同样的发明或者实用新型由他人向专利局提出过申请并且记载在申请日以后公布的专利申请文件中。

创造性：指同申请日以前已有的技术相比，该发明有突出的实质性特点和显著的进步，创新性判断应该结合技术方案整体所属的技术领域、所要解决的技术问题和要达到的技术标准综合考虑。

实用性：指该发明或者实用新型能够制造或者使用，并且能够产生积极效果。根据申请人在说明书中所做的清楚、完整的说明，所属领域的技术人员根据其技术知识或者经过惯常的试验和设计后，就能够得出申请专利的发明或者实用新型能够予以制造或者使用，并能够得出具有积极效果的结论。

3.2.2　工法创新与专利技术

工法具有系统性、独特性、可靠性、创新性等特征，前三种性质可以在工艺流程和科学管理、工程施工、后期效果等方面体现，而在工程中工法的创新性可通过以下方面体现：

(1)可以通过该技术所获的科技成果奖励来体现，如国家部委授予的科技奖项以及各省(自治区、直辖市)人民政府或有关部门颁发的科学技术奖项。

(2)可以通过申请专利来体现其技术的创新性。

二者相比，前者依托项目，依靠多年的科学研究得出的创新成果，需要成果周期长，而且申报难度大；后者可以依据某个技术点申请专利技术，相对周期比较短，申报难度小。申请专利无论是从申报周期上，还是申请难度上，均小于科技成果奖。因此，申请专利是体现工法创新性的最佳选择。

3.2.3　专利条件下的工法布局

园林绿化企业经过多年的实践研究，总结出一套将工法研制与专利申请同步开展的四步走策略：

(1)了解本行业或本领域的工作内容。首先，需要技术人员对本行业技术有深入的了解。

另外,创新需要专业间的相互融合,需要多专业的人才,需要不同技术领域的人员相互合作。

(2)对本领域专利文献、科技文献进行检索。当感觉对本领域的技术创新无从下手时,需要对本领域或者本行业的研究热点及研究方向进行全面的检索。当遇到有创新点的技术时,需要对该技术的现有情况进行检索,做到少走弯路,节约成本,有的放矢。

(3)对具有创新性的技术提前进行专利申请。对具有创新性的技术合理进行专利布局、专利挖掘,做到工程实践,专利先行,在申请专利的同时开展工法的编制。

(4)依据将要申请的工法类型布局工法。根据企业级工法、省级工法以及国家级工法的申请条件组织工法的各类材料。首先,将(3)中所述专利技术中的创新点与工程施工和工程管理相结合,撰写工法内容。其次,将申报工法中需要的支撑材料进行整理,工法中的技术查新、工程应用证明、经济效益证明、无争议声明、施工过程中照片的收集整理等要统一考虑,同时操作。

3.2.4　专利的申请

专利申请流程如下:

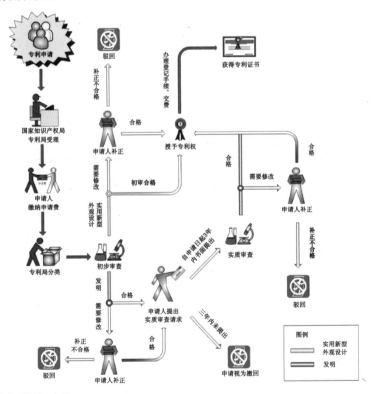

(1)申请专利的对象

中国公民和中国企业可以申请专利;在中国有经常居所或者营业所的外国人、外国企业或者外国其他组织可以申请专利;在中国没有经常居所或者营业所的外国人、外国企业或者外国其他组织在中国申请专利,依照其所属国同中国签订的协议或者其所属国同中国共同参加的国际条约或依照互惠原则三种情况中的任意一种,均可申请专利。

（2）申请专利的机构

中国单位或者个人在国内申请专利和办理其他专利事务的，可以自行办理，也可以委托依法设立的代理机构办理。在中国没有经常居所或者营业所的外国人、外国企业或者外国其他组织在中国申请专利和办理其他专利事务的，应当委托依法设立的专利代理机构办理。

（3）申请专利的流程及内容

①发明专利申请的流程：专利申请→受理→初审→公布→实质审查请求→实质审查→授权。

申请发明专利需要提交的文件包括：请求书（包括发明专利的名称、发明人或设计人的姓名、申请人的姓名/名称及地址等）、说明书（包括发明专利的名称、所属技术领域、背景技术、发明内容、附图说明和具体实施方式）、权利要求书（说明发明的技术特征，清楚、简要地表述请求保护的内容）、说明书附图（发明专利常有附图，如果仅用文字就足以清楚、完整地描述技术方案的，可以没有附图）、说明书摘要（表述发明专利所解决的技术问题，发明专利的主要技术特征和用途）。

②实用新型专利申请的流程：专利申请→受理→初审→授权。

申请实用新型专利需要提交的文件包括：请求书（包括实用新型专利的名称、发明人或设计人的姓名、申请人的姓名/名称及地址等）、说明书（包括实用新型专利的名称、所属技术领域、背景技术、发明内容、附图说明和具体实施方式，说明书内容的撰写应当详尽，所述的技术内容应以所属技术领域的普通技术人员阅读后能予以实现为准）、权利要求书（说明实用新型的技术特征，清楚、简要地表述请求保护的内容）、说明书附图（实用新型专利一定要有附图说明）、说明书摘要（表述清楚实用新型专利需要解决的技术问题，实用新型专利的主要技术特征和用途）。

③外观设计专利的申请流程与实用新型专利相同，即专制申请→受理→初审→授权。

申请外观设计专利需要提交的文件包括：请求书（包括外观设计专利的名称、设计人的姓名、申请人的姓名/名称及地址等）、外观设计图片或照片（至少两套图片或照片，包括前视图、后视图、俯视图、仰视图、左视图、右视图，必要时提供立体图）、外观设计简要说明（必要时应提交外观设计简要说明）。

专利申请书模板：

请按照"注意事项"正确填写本表各栏		此框内容由国家知识产权局填写
⑦ 发明 名称		①申请号　　　　（发明）
		②分案 提交日
⑧ 发 明 人		③申请日
		④费减审批
		⑤向外申请审批
⑨第一发明人国籍　　　居民身份证件号码		⑥挂号号码

⑩申请人	申请人（1）	姓名或名称		电话	
		居民身份证件号码或组织机构代码		电子邮箱	
		国籍或注册国家（地区）		经常居所地或营业所所在地	
		邮政编码	详细地址		
	申请人（2）	姓名或名称		电话	
		居民身份证件号码或组织机构代码			
		国籍或注册国家（地区）		经常居所地或营业所所在地	
		邮政编码	详细地址		
	申请人（3）	姓名或名称		电话	
		居民身份证件号码或组织机构代码			
		国籍或注册国家（地区）		经常居所地或营业所所在地	
		邮政编码	详细地址		

| ⑪联系人 | 姓名 | 电话 | 电子邮箱 |
| | 邮政编码 | 详细地址 | |

| ⑫代表人为非第一署名申请人时声明 | 特声明第_____署名申请人为代表人 |

⑬专利代理机构	名称		机构代码	
	代理人（1）	姓名	代理人（2）	姓名
		执业证号		执业证号
		电话		电话

| ⑭分案申请 | 原申请号 | 针对的分案申请号 | 原申请日 20××年××月××日 |

| ⑮生物材料样品 | 保藏单位 | 地址 | |
| | 保藏日期 年 月 日 | 保藏编号 | 分类命名 |

| ⑯序列表 | □本专利申请涉及核苷酸或氨基酸序列表 | ⑰遗传资源 | □本专利申请涉及的发明创造是依赖于遗传资源完成的 |

	原受理机构名称	在先申请日	在先申请号	⑲ 不丧失新颖性	□ 已在中国政府主办或承认的国际展览会上首次展出 □ 已在规定的学术会议或技术会议上首次发表 □ 他人未经申请人同意而泄露其内容
⑱ 要求优先权声明				⑳ 保密请求	□ 本专利申请可能涉及国家重大利益，请求按保密申请处理 □ 已提交保密证明材料

㉑ □ 声明本申请人对同样的发明创造在申请本发明专利的同日申请了实用新型专利	㉒ 提前公布	□ 请求早日公布该专利申请

㉓申请文件清单 1.请求书　　　　份　　页 2.说明书摘要　　　份　　页 3.摘要附图　　　　份　　页 4.权利要求书　　　份　　页 5.说明书　　　　　份　　页 6.说明书附图　　　份　　页 7.核苷酸或氨基酸序列表　份　页 8.计算机可读形式的序列表　份 权利要求的项数　　项	㉔附加文件清单 □费用减缓请求书　　　份共页 □费用减缓请求证明　　份共页 □实质审查请求书　　　份共页 □实质审查参考资料　　份共页 □优先权转让证明　　　份共页 □保密证明材料　　　　份共页 □专利代理委托书　　　份共页 总委托书(编号_____) □在先申请文件副本　　　份 □在先申请文件副本首页译文　份 □向外国申请专利保密审查请求书 份共页 □其他证明文件(名称_____)　份共页
㉕全体申请人或专利代理机构签字或者盖章 20××年××月××日	㉖国家知识产权局审核意见 20××年××月××日

填表说明：

1.本表第①②③④⑤⑥㉖栏由国家知识产权局填写。

2.本表第⑦栏发明名称应当简短、准确，一般不得超过25个字。

3.本表第⑧栏发明人应当是个人。发明人有两个以上的应当自左向右顺序填写,发明人姓名之间应当用分号隔开。发明人可以请求国家知识产权局不公布其姓名。若请求不公布姓名,应当在此栏所填写的相应发明人后面注明"(不公布姓名)"。

4.本表第⑨栏应当填写第一发明人国籍,第一发明人为中国内地居民的,应当同时填写居民身份证件号码。

5.本表第⑩栏申请人是个人的,应当填写本人真实姓名,不得使用笔名或者其他非正式的姓名;申请人是单位的,应当填写单位正式全称,并与所使用的公章上的单位名称一致。申请人是中国单位或者个人的,应当填写其名称或者姓名、地址、邮政编码、组织机构代码或者居民身份证件号码;申请人是外国人、外国企业或者外国其他组织的,应当填写其姓名或者名称、国籍或者注册的国家或者地区、经常居所地或者营业所所在地。

6.本表第⑪栏,申请人是单位且未委托专利代理机构的,应当填写联系人,并同时填写联系人的通信地址、邮政编码、电子邮箱和电话号码,联系人只能填写一人,且应当是本单位的工作人员。申请人为个人且需由他人代收国家知识产权局所发信函的,也可以填写联系人。

7.本表第⑫栏,申请人指定非第一署名申请人为代表人时,应当在此栏指明被确定的代表人。

8.本表第⑬栏,申请人委托专利代理机构的,应当填写此栏。

9.本表第⑭栏,申请是分案申请的,应当填写此栏。申请是再次分案申请的,还应当填写所针对的分案申请的申请号。

10.本表第⑮栏,申请涉及生物材料的发明专利,应当填写此栏,并自申请日起四个月内提交生物材料样品保藏证明和存活证明。

11.本表第⑯栏,发明申请涉及核苷酸或氨基酸序列表的,应当填写此栏。

12.本表第⑰栏,发明创造的完成依赖于遗传资源的,应当填写此栏。

13.本表第⑱栏,申请人要求外国或者本国优先权的,应当填写此栏。

14.本表第⑲栏,申请人要求不丧失新颖性宽限期的,应当填写此栏,并自申请日起两个月内提交证明文件。

15.本表第⑳栏,申请人要求保密处理的,应当填写此栏。

16.本表第㉑栏,申请人同日对同样的发明创造既申请实用新型专利又申请发明专利的,应当填写此栏。未做说明的,依照专利法第九条第一款关于同样的发明创造只能授予一项专利权的规定处理。(注:申请人应当在同日提交实用新型专利申请文件。)

17.本表第㉒栏,申请人要求提前公布的,应当填写此栏。若填写此栏,不需要再提交发明专利请求提前公布声明。

18.本表第㉓㉔栏,申请人应当按实际提交的文件名称、份数、页数及权利要求项数正确填写。

19.本表第㉕栏,委托专利代理机构的,应当由专利代理机构加盖公章。未委托专利代理机构的,申请人为个人的应当由本人签字或者盖章,申请人为单位的应当加盖单位公章,有多个申请人的由全体申请人签字或者盖章。

20. 本表第⑧⑩⑱栏,发明人、申请人、要求优先权声明的内容填写不下时,应当使用规定格式的附页续写。

(4)专利代理机构

一项专利的获批需要经过较为复杂的过程,包括提交专利申请、编写说明书及其摘要和权利要求书等。专利文件法律性强,技术要求高,一般发明人不容易完成或者难以抽出大量时间和精力从事这项工作。因此,可以委托国家认可的专利代理机构办理,专业的代理机构所配备的优质专利代理人具备专业能力及丰富的经验,能为申请人有效节省专利申请的时间,提高专利撰写的质量,为专利授权提供保障。

专利代理合同模板如下:

专利代理委托合同

合同编号　NJCL－JR20XX(第　　号)

甲方:

地址:

乙方:

地址:

一、委托时间

　　20　　　年　　　月　　　日起至任一方以邮件等形式通知对方终止合同时终止。

二、委托范围

　　□专利申请、审查、授权程序中的有关事宜。

　　□专利年费监控中的有关事宜。

　　□专利无效程序中的有关事宜。

　　□专利其他的有关事宜。

三、代理费用

甲方按照下列标准向乙方支付费用(以人民币计算):

专利委托项目					
序号	委托项目	件数	代理费/件(不含官费)	官费/件(元)	费用总计(元)
1	发明专利		元		
2	实用新型专利		元		
3	双报专利		元		
4	外观专利		元		
5	年费监控服务		元/年		
6	专利复审申请		元		
7	专利无效申请		元		
8	专利许可使用		元		
9	著录项目变更		元		
10	PCT申请		元		
11	专利检索(专利评价报告)		元		
12	其他		元		

备注:

以上委托项目费用合计:金额大写_____拾_____万_____仟_____佰_____拾_____元整(￥:_____)

其中,国家知识产权局收取的官方费用由乙方根据甲方委托和国家知识产权局专利局公布的收费标准(实际产生金额)代为收取,并向国家知识产权局代为缴纳。(该国家知识产权局收取的官方费用不包含授权的官方费用。)

备注:若遇特殊情况,则以双方书面确认之金额为准;另国家知识产权局收取的官方费用甲方可自行缴纳,缴纳方式可咨询乙方。

四、费用支付

1. 支付方式:

□现金　　　　□银行转账　　　　□其他_____

乙方账号信息:

银行账号:

开户行:

开户名:

2. 支付时间:

本合同签订之日起两个工作日内甲方应付清全部款项。

备注:如按合同约定或口头协商后,甲方未在规定时间内支付费用且乙方已按甲方要求在规定时间内写好专利相关稿件时,甲方提出终止合同并不向国家知识产权局申报相关项目,则甲方需支付给乙方50%代理费。

五、甲方责任

1. 甲方委托乙方办理申请专利事宜时,须将发明创造的详细资料、图纸交给乙方作为技术交底,并及时向乙方支付相关费用。

2. 甲方须写明通信地址及通信方式,若甲方在委托期间内变更通信地址或通信方式,须立即通知乙方。如因甲方通信地址或通信方式不明确,导致通知延误或甲方在收到乙方书面通知后,不能在乙方指定的合理期限内配合乙方完成委托代理事项,导致被国家知识产权局处罚、驳回专利申请或撤销专利权时,其责任由甲方自负。

3. 甲方委托乙方专利事务,乙方已进行作业并有实际资源投入时,由甲方原因提出终止申请,甲方应向乙方支付相应程度的费用。

4. 甲方指派公司职工:_____(电话:_____,邮箱:_____)与乙方联系相关事宜,如指派的公司职工因故不能执行,甲方应负责另行指派公司职工接替。

六、乙方责任

1. 乙方在收到甲方技术交底材料后_____个工作日内按专利申请文件要求完成文件撰写,并交给甲方确认。

2. 乙方在收到甲方技术交底材料及费用后,主动就该申请主题在中国专利数据库中进行检索,并向甲方提供专利申请有关参考意见。

3. 乙方在甲方确认后_____个工作日内完成正式申请文件制作并代表甲方向国家知识产权局递交申请文件,乙方在取得国家知识产权局的受理通知后,应及时转达给甲方。

4. 乙方所获得或获悉的甲方营业秘密,仅限使用于履行本合同对甲方之义务,且不构成甲方对乙方之授权、让与或出租。

5. 乙方接受甲方委托,指派联系人:_____(电话:_____,邮箱:_____)办理相应的委托事务。乙方所派代理人必须依法维护甲方的合法权益,如指派的代理人因故不能执行,乙方应负责另行指派专利代理人接替。

七、知识产权条款

1. 由甲方技术资料所产出的所有知识产权,归甲方所有。

2. 未经甲方同意,乙方不得私自将载有甲方商业秘密的材料、文件、电脑软盘、硬盘、光盘、录音带、录像带等材料及其复制品交付给其他任何第三人。

3. 未经甲方同意,乙方不得利用上述的商业秘密从事谋取利益的活动,不得以未经甲方书面许可的任何手段使用所知晓的上述商业秘密。

八、其他

以下为甲、乙双方合同约定的联系方式,甲、乙双方任一方将文件或通知之类的信息发入双方约定的以下邮箱中或邮寄给指定地址后,视为发送方完成相应的法律义务,接受方承担相应的法律责任。本合同期满时,如尚有专利申请业务未办结,双方仍按照本合同条款办理未结事项。

以下无正文。

甲方(盖章):　　　　　　　　　　乙方(盖章):

签署人(签字):　　　　　　　　　签署人(签字):

电话:　　　　　　　　　　　　　　电话:

传真:　　　　　　　　　　　　　　传真:

日期:　　　　　　　　　　　　　　日期:

3.2.5　专利的取得

(1)自主获取。由申请人申请的专利,经审查授权后,由国家知识产权局发给专利证书。

(2)专利转让。专利是可由拥有人(单位)转让的。经签订转让协议(出售时会收取转让费),可向国家知识产权局办理专利项目变更手续。专利权也可以转让部分,变成共同共有。专利使用权也可以转让,从而让受让方使用该专利。

第四章 | 园林工法的申报与评审

4.1 概述

工法分为国家级、省部级和企业级三个等级。

企业经过工程实践运用,达到企业先进水平,有一定经济效益或社会效益的工法,通过课题立项、技术总结与创新、工法编制、评审,可被认定为企业级工法;其关键技术达到省先进水平、有较好经济效益或社会效益的可申报省级工法;其关键技术达到国内领先水平或国际先进水平、有显著经济效益或社会效益的可申报国家级工法。

企业根据承建工程的特点、科研开发规划和市场需求开发、编写的工法,经企业组织评审,可被认定为企业级工法。

省级工法一般由企业自愿申报,由省辖市建设(建筑)行政主管部门或省有关部门推荐,经省建设(建筑)主管部门审定和公布。全国各省市历年来也都发布了本省的省级工法申报管理办法。省级工法的申报与评审以江苏省建设工法为例,介绍园林工法在江苏的申报与评审流程。

国家级工法由企业自愿申报,由省建设(建筑)主管部门推荐,经国家建设主管部门审定和公布。2015年度为住房和城乡建设部国家级工法申报的最近一次,此后并未发布相关国家级工法申报的文件。

4.2 企业级工法

由企业内部组织评审并发布实施的工法,称为企业工法。

企业工法是园林绿化企业施工成功经验和技术管理的总结凝练,是指导企业施工和管理规范化、标准化的重要措施。

企业工法来源于本公司各业务部门在生产实践中对新技术、新产品、新工艺的运用,具有先进、适用和保证工程质量与安全、提高工效、降低工程成本等特点。

企业部门就近年来实际生产过程中经常出现的质量通病,新技术、新工艺、新材料的使用方法,各类管理创新等由技术人员整理成工法(技术总结)进行申报。

4.2.1 选题与立项

需选择对工程项目施工有创新性、可提质增效、节约成本的工艺方法作为工法课题,初步设立工法课题名称。

工法名称应简洁、明确,立项说明要从背景分析、创新点、工艺流程、案例等方面来概括,要点明确、语言精练。

下表结合园林绿化工程实践,列举了相关园林工法课题题目供学习参考。

序号	工法课题	专业类型
1	仿古建筑钢结构骨架与木结构斗拱件组合施工工法	古建传承
2	木混结构攒尖仿古亭施工工法	
3	超大清水混凝土斗拱施工工法	
4	古建工程修缮木结构表面烘烤碳化做旧处理施工工法	
5	海绵型装配式屋顶绿化施工工法	屋顶绿化
6	屋顶花园施工工法	
7	连续大面积耐候钢板景观墙施工工法	景观工程
8	模块化冰裂纹石板路的干铺施工工法	
9	景观绿化无边镜面溢水泳池施工工法	
10	柔性网格吊石生态景观护岸施工工法	
11	园林景观工程渐变花带施工工法	植物栽植与养护
12	大型乔木"一次性断根"培育施工工法	
13	古树树洞玻璃钢仿真生态修复施工工法	
14	梯级多段潜流人工湿地处理池施工工法	湿地建造与海绵化
15	景观水垂直流净水构筑物施工工法	
16	非下凹式海绵道路分隔带施工工法	
17	微型雨水花园施工工法	

4.2.2　组织研制

经公司工法评审小组初评通过的工法列入本年度工法编写计划,编写责任人须按该工法的研制计划和编写提纲,认真撰写工法(技术总结)内容,重点从背景分析、创新点、工艺流程、案例等四个方面来阐述:

(1)背景分析:应包括行业发展的背景和趋势、产品或技术的应用背景、该工法(技术总结)的特点等情况;

(2)创新点:指与其他同类产品的不同之处,包括技术创新点与管理创新点;

(3)工艺流程:施工的操作流程,要求简明、方便操作和易于学习;

(4)案例:总结工法使用的项目案例实践,包括成功的案例、失败的案例,要有案例说明、心得体会、经验教训等。

4.2.3 修改与定稿

部门立项的工法在初稿完成后，由部门负责人负责初步审核，并核查是否符合编研要求。同时应召开会议讨论，可请专家参加并提出工法修改建议，工法（技术总结）的撰写者须按部门和专家指导的修改意见和建议对工法（技术总结）进行进一步修改。

个人自主申报的工法在初稿完成后，由公司总工负责协调相关专业的专家对工法进行指导和修改，工法（技术总结）的撰写者按专家的修改意见对工法（技术总结）进行修改。

4.2.4 撰写与评审

按照企业内部文件制度要求进行材料编制。企业级工法应按照工法的编写格式进行编制，应包括前言、工法特点、适用范围、工艺原理、工艺流程及操作要点、材料与设备、质量控制、安全措施、环保措施、效益分析、应用实例等全部内容。相应的图纸、图表、照片等作为附件添加。

企业可以组织企业内部技术人员、专家或者邀请行业专家对工法进行评审，对合格工法进行发布，并在公司项目上推广运用。企业可以对遴选的优秀企业工法做进一步完善、规范资料，做好申报省级工法的准备工作。

企业将工法编制完成后，经专家内部评审、企业认定等过程，对企业工法开展技术水平评价，并适时发布。

4.3 省级工法

4.3.1 省级工法的申报

（1）省级工法申报

企业内管理部门对具有创新性、规范化的优秀企业工法，认为其达到省级乃至全国技术领先水平，经补充完善资料后，可以进一步申报省级主管部门组织的工程建设施工工法评审认定。

以江苏省为例，江苏省工程建设省级工法的申报工作每年举行一次，申报时间一般为每年8月至9月，具体时间节点以发布的通知为准。

每项工法由一家企业申报，企业通过江苏省住房和城乡建设厅网站"网上办事"栏目中的"工程建设类优质工程申报系统"将申报材料原件扫描上传。各设区市建设行政主管部门将推荐的工法申报材料核验后上传。

江苏省工程建设省级工法申报按属地管理原则，由企业自愿申报，各设区市建设行政主管部门组织推荐。省住房和城乡建设厅根据申报情况，适时组织专家对申报的工法进行评审，评审结果经公示无异议后予以公布。

这里以江苏省住房和城乡建设厅《关于开展 2020 年度江苏省工程建设省级工法申报工作的通知》(苏建函质安〔2020〕245 号)文件为例,供大家学习了解一般的申报要求和程序。

关于开展 2020 年度江苏省工程建设省级工法申报工作的通知

苏建函质安〔2020〕245 号

各设区市住房和城乡建设局(建委):

根据住房城乡建设部《工程建设工法管理办法》(建质〔2014〕103 号)规定,为鼓励建筑企业加强工法的研发和应用,加快技术积累和科技成果转化,增强建筑业科技创新能力,经研究决定,组织开展 2020 年度江苏省工程建设省级工法的申报和评审工作。现将有关事项通知如下:

一、申报条件

(一)符合住房和城乡建设部《工程建设工法管理办法》(建质〔2014〕103 号)规定申报条件的工法。

(二)从公布之日起已超过有效期 8 年规定,有创新和发展的省级工法。

二、申报程序

江苏省工程建设省级工法申报按属地管理原则,由企业自愿申报,各设区市建设行政主管部门组织推荐。省住房和城乡建设厅根据申报情况,适时组织专家对申报的工法进行评审。评审结果经公示无异议后予以公布。

三、申报要求

(一)2020 年度江苏省工程建设省级工法的申报时间为 2020 年 7 月 1 日—2020 年8 月 9 日。

(二)每项工法由 1 家企业申报,企业通过江苏省住房和城乡建设厅网站"网上办事"栏目中的"工程建设类优质工程申报系统"将申报材料原件扫描上传。

(三)各设区市建设行政主管部门将推荐的工法申报材料核验后上传。

联系人:厅质安处 ×××,025—×××××××××。

江苏省住房和城乡建设厅

2020 年 6 月 16 日

(此件公开发布)

附件 1:2020 年度江苏省工程建设省级工法申报材料说明

附件 2:江苏省工程建设省级工法申报表

附件1:2020年度江苏省工程建设省级工法申报材料说明

2020年度江苏省工程建设省级工法
申报材料说明

1. 江苏省工程建设省级工法申报表公章为原件;

2. 工法内容材料(如工法内容与相关国家或行业工程技术标准一致,还需提供相应技术标准相关内容的复印件);

3. 企业级工法批准文件复印件;

4. 工程应用证明(建设单位或监理单位出具的工法应用证明原件及施工许可证复印件);

5. 经济效益证明公章为原件,财务部门提供;

6. 无争议声明书(包括工法完成单位、主要完成人,涉及使用专利等);

7. 专业技术情报部门提供的科技查新报告复印件;

8. 工法关键技术专利证书和科技成果获奖证明复印件;

9. 反映实际施工中工法操作要点的照片(十张以上);

10. 可附加工法对外进行技术转让的证明材料。

以上申报资料用A4纸打印,软皮纸装订成册,一式一份报设区市建设行政主管部门留存。

附件 2:江苏省工程建设省级工法申报表

江苏省工程建设省级工法申报表
（2020 年度）

工法名称：＿＿＿＿＿＿＿

工法类别：＿＿＿＿＿＿＿

专业分类：＿＿＿＿＿＿＿

申报单位：＿＿＿＿＿＿＿

推荐单位：＿＿＿＿＿＿＿

江苏省住房和城乡建设厅制

工法名称				
类别			专业分类	

申报单位				
	通信地址		邮编	
	联系人		电话	

主要完成人	姓名	工作单位	职务	工作单位

工法应用工程情况	工程名称			
	开竣工时间		工程所在地	
	工程名称			
	开竣工时间		工程所在地	

工法关键技术名称	

（续表）

工法获科技成果奖励情况	
工法形成企业技术标准情况	

工法内容简述：

（续表）

关键技术及保密点（有专利权的，请注明专利号）：

技术水平和技术难度（包括与国内外同类技术水平比较）：

工法应用情况及应用前景：

（续表）

经济效益和社会效益（包括节能和环保效益）：
申报单位意见：   申报单位 　　（公章） 　　　　年　月　日
省辖市建设行政主管部门推荐意见：   （如工法应用工程实例少于2项，对该工法关键技术可靠、成熟性补充意见如下：）   （公章） 　　　　年　月　日

申报表填报详解

①封面：工法名称应与正文一致，突出本工法特点；申报单位应填写完整单位名称；

②完成单位：完成单位与申报单位应是同一单位，联系人宜是与完成本工法相关的人员；

③主要完成人：按照对本工法编写的贡献大小顺序填写，一般不超过5人；

④工法应用工程情况：一项成熟的工法一般应有两个工程实例，要求与正文中工法应用案例一致，并填报开竣工时间、工程所在地区；

⑤工法关键技术名称、组织审定的单位及时间：简要写出工法所涉及的关键技术及组织审定的单位名称及审定时间；

⑥工法关键技术获科技成果奖励的情况：包括与工法关键技术相关的专利、形成的技术标准、科技鉴定报告、获得政府或主管部门授予的科技成果奖项等；

⑦工法形成企业技术标准情况：与工法相关的技术在企业内形成的相应技术标准、时间和名称；

⑧工法内容简述：介绍工法的资料内容，在栏目中客观、准确、简明扼要地介绍工法的产生、发展过程，介绍本工法的关键技术内容，以及造价、质量、安全、环保等工法的效益，并简述工法的推广应用情况等内容；

⑨关键技术及保密点：阐述本工法所运用的关键技术及所获专利情况，保密点是工法技术内容中需要保密的技术内容；

⑩技术水平和技术难度（与国内外同类技术水平比较）：总体科学技术水平、主要技术经济指标与当前国内外最先进的同类研究和同类技术数据进行全面比较，同时加以综合叙述；

⑪法应用情况及应用前景：对本工法在施工中的应用推广情况及预期应用前景进行阐述，并将应用证明作为附件，应用案例较少的要说明应用前景价值；

⑫经济效益和社会效益（包括节能和环保效益）：分析本工法实施后产生的各项效益，经济效益的数据应以应用单位财务部门核准的数据为基本依据，结论应与工法中表述的内容相一致。

（2）网上申报的方法

根据江苏省住房和城乡建设厅关于开展省工程建设省级工法申报工作的要求，企业须通过江苏省住房和城乡建设厅网站"网上办事"栏目中的"工程建设类优质工程申报系统"进行省级工法申报。

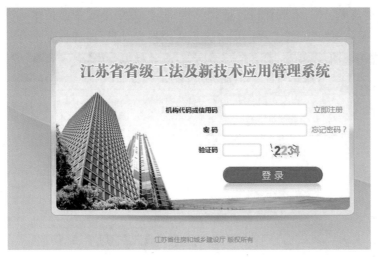

登录系统后,点击"工法申报信息"——"开始工法申报"按键,开始填写工法申报材料,并将申报材料原件扫描上传。

网上申报按表格要求填写相应内容,工法名称填写当前基本一致。工法名称填写当前申报工法的名称,且须与正文名称一致;工法类别填写工法所属的工程类别;专业分类填写该工程所属的专业;申报单位和推荐单位分别填写申报单位名称及推荐单位名称。

主要完成单位、通信地址、联系人等按照真实情况填写完整详细。填写"主要完成人"和"工法应用情况"时,点击右侧"增加一行"按键。

工法关键技术名称、工法获科技成果奖励情况、工法形成企业技术标准情况等内容的填写，可参照前文"江苏省工程建设省级工法申报表"填写详解相对应内容。

4.3.2 省级工法的评审

根据《江苏省工程建设施工工法管理办法》要求，江苏省成立了省级工法评审专家库。工法的评审由专家按照评审的原则、程序及其他要求，开展省级工法评审。评审专家须从专家库中选取。评审专家应具有丰富的施工实践经验和坚实的专业基础理论知识。同一专业的专家不在一个单位选取，一般也不跨专业评审。

（1）省级工法的评审原则

工法应当符合国家有关工程建设的方针、政策和标准、规范；坚持评审标准，做到公正、公平、公开，并保证工法评审的严肃性、科学性；评审专家应对所提出的评审意见负责，为工法申报单位保守工法的技术秘密。

（2）省级工法的评审程序

①从专家库中抽取专家组成省级工法评审委员会。评审委员会设主任委员一名，副主任委员两名，委员若干名。评审委员会内设房屋建筑工程、土木工程、工业安装工程三个类别的评审组，各由一名委员兼任组长，每个评审组的评审专家不少于5人。

②省级工法的评审实行主、副审制。由评审组组长指定每项工法的主审一人，副审两人。每项工法在评审会召开前由主、副审详细审阅材料，并由主、副审提出基本评审意见。

③评审组审查材料，听取主、副审对工法的基本评审意见。专业评审组在项目主、副审基本评审意见基础上提出初审意见。在评审中，评审组内少数持不同意见的专家可保留意见报评审委员会备案。通过评审组初审的工法项目提交评审委员会审核。

④评审委员会听取评审组初审意见，进行问题答辩。

⑤评审委员会全体成员根据工法的技术水平与技术难度、经济效益与社会效益、使用价值与推广应用前景、编写内容与方案水平，综合评定工法等级。采取无记名投票，有效票数的三分之二（含）以上同意通过，形成评审委员会推荐意见，经评审委员会主任委

员签字后,报主管部门。

4.3.3　省级工法的公布

经评审的省级工法及参与工法评审的主、副审专家名单在相关媒体或省建筑工程管理局网站进行公示。公示时间为 7 天。经公示后将省级工法名单予以公布。对获得省级工法的单位和个人,颁发证书。

各级建设(建筑)行政主管部门对开发和应用工法做出贡献的企业或个人,按各地的有关规定给予表彰和奖励,并作为业绩考核、职务晋升、职称评定的重要依据。

省级工法是各省根据自身情况,由建设行政主管部门开展,每年定期发布申报通知。企业根据自身需求及工程实践运用情况,整理和总结管理与技术经验形成施工工法进行申报。各地建设(建筑)行政主管部门也积极推动,将技术领先、应用广泛、效益显著的工法纳入相关的行业技术和地方标准。对关键性技术达到国内领先或国际先进水平的省级工法,择优推荐申报国家级工法。

4.4　中国风景园林学会园林工程分会开展工法研制工作

4.4.1　园林工程分会开展工法研制

随着我国园林绿化事业的蓬勃发展,业界及社会对园林景观施工工程的规范性、科学性、先进性的关注度日渐提升,开发、应用园林绿化工程建设工法对于推动以生态优先、绿色发展为导向的高质量发展具有重要意义。

2020 年 12 月,为进一步发挥园林绿化工程建设工法在园林绿化行业高质量发展中的积极作用,在业内更加深入广泛地推广应用现有科技成果,中国风景园林学会园林工程分会面向全国征集"园林绿化工程建设工法"稿件,在全国范围内开展园林绿化建设工程工法的研讨工作,同时中国风景园林学会自 2019 年开展园林工法研编培训活动。这些工法推进活动,促进了园林企业加大创新创优力度,提升了园林工程建设质量和企业技术素质、管理水平,引导企业高度重视科研创新工作,及时总结施工经验,不断创新施工技术,加大对新工艺、新技术开发和应用的投入,增强企业的科技实力和核心竞争力,提高了园林绿化施工技术和工程整体质量水平,促进园林产业转型升级和行业创新发展。

4.4.2　园林工法的相关要点

(1)原则

①园林工法必须是经过园林绿化工程实践并证明是属于技术先进、效益显著、经济适用、符合节能环保要求的施工方法。未经工程实践检验的科研成果不属于工法的范畴。

②工法编写应主要针对某个单项工程,也可以针对工程项目中的一个分部,必须具有完整的施工工艺。

③工法的编写应符合规范要求,工法特点、工艺原理在前,重点编写操作要点,最后引用典型工程实例。

(2)要求

注重工法研发的实用性、先进性、创新性。工法是施工技术规范,是施工技术与管理的结合,是实践经验的总结,核心是先进技术,重点是实用、可操作。

①讲求实际,有效解决施工问题,简便易行。

②突出关键技术点,解决工程常见问题难点,保障工程质量。

③注重节约节俭,效益效率,长效可持续。

④注重普适性,可推广可复制。

⑤具有创新、先进内涵,要善于将新技术、新材料、新工艺融入其中,要积极探索新型施工方法、创新经验、领先技术。

(3)细则

①工法编制总体要求:文字精练、表述准确;工艺流程清晰、逻辑性强;数据可靠真实;图表与文字对应;工程照片(或录像)真实,能客观反映工艺要求。

②选题及题目:选题要新颖,题目要符合工法特点,结构形式正确。结构形式一般由四部分组成,即工法对象(工程结构或工程部位、工艺类别)、关键技术或核心工艺、工法功能、工法固有词(题目固有属性)。

③前言:工法的形成原因和形成过程,概括性描述清晰准确,明确说明研究开发单位、关键技术审定结果、工法应用及有关获奖情况(专利、各级获奖情况)。

④工法特点:与传统的施工方法比较,在工期、质量、安全、造价等技术经济效能等方面能够体现先进性和新颖性。

⑤适用范围:说明采用本工法的工程对象和工程部位,适用范围界定明确清晰。不宜过小,适用性不强;不宜过大,针对性不强。

⑥工艺原理:工法工艺核心部分(关键技术)应用的基本原理阐述清晰,关键技术的理论基础说明准确。

⑦施工工艺流程及操作要点:

施工工艺流程:施工工艺流程讲清工序间的衔接和相互之间的关系以及关键所在,宜采用框架图或网格图表示,施工工艺流程完整合理、顺序正确、可操作性强,同时保证美观易懂。

操作要点:针对施工流程对每条施工步骤进行详细阐释,不漏项缺项,表述清晰,语言简练,操作方法正确,数据准确可靠,针对性强。

⑧材料与设备:主要材料与设备规格、型号、数量、主要质量标准以及质量要求指标严谨、数据准确,采用新型材料时该材料所起作用要说清楚。

⑨质量控制:遵照国家、地方(行业)标准、规范,检验方法符合工法特点,关键部位、关键工序的质量要求和控制方法明确,措施合理有效,质量检测手段完备、方法正确。

⑩安全措施:安全措施包括管理措施和技术措施,涉及人身安全和工程安全,表述清晰,安全措施有效、针对性强。

⑪环保措施:环保措施和指标遵照国家和地方(行业)有关环境保护法规,符合技术发展方向,满足"四节一环保"要求。

⑫效益分析:经济效益、社会效益、生态效益等阐述准确,效益分析依据充分、合理,结论与证明材料一致。

⑬应用实例:应用实例达到规定数量要求,项目概况描述清晰,突出工法的应用效果,能佐证工法的成熟可靠。

⑭附件材料:各类材料真实、有效、完整,符合申报程序和要求,已批准为企业工法并在有效期内。

附件1:

关于园林绿化工程建设工法的有关要点

为进一步推进园林绿化行业工法的开发和应用,促进园林绿化企业加大创新力度和技术积累,推动园林绿化工程建设工法(简称"园林工法")的开展。有关要求如下:

一、组织

各风景园林学会(协会)积极组织园林绿化工程建设企业工法研制,推动园林工法工作开展。

二、标准

(一)先进性。突出关键技术点,解决工程建设难点问题,保障工程质量。

(二)实效性。能有效解决施工技术问题,简便易行。注重节约节俭,效益效率,长效可持续。

(三)普适性。适宜在工程建设中复制推广,便于施工操作。

(四)创新性。融入新技术、新材料、新工艺,采用新型施工方法,技术创新。

(五)规范性。文本编写规范完整,语句准确严谨。

三、程序

(一)条件。已发布为企业工法,工法必须是申报单位自行研制开发,工法编写内容齐全完整。

(二)程序。符合条件的企业,由企业或各省(自治区、直辖市)风景园林协会(学会)开展申报。

(三)评审。组织相关专家评审,依据评选标准,提出评审意见。

(四)公示。园林工法应在官方网站或微信公众平台公示。

四、时限

每年开展一次。

五、材料

1. 园林绿化工程建设工法申报表;

2. 工法文本材料(包括前言、工法特点、适用范围、工艺原理、施工工艺流程及操作要点、材料与设备、质量控制、安全措施、环保措施、效益分析、应用实例);

3. 企业工法批准文件(复印件);

4. 反映实际施工中工法操作要点的照片(10张以上);

5. 工程应用证明(建设单位或监理单位出具的工法应用证明原件及施工许可证复印件);

6. 经济效益证明原件(财务部门提供);

7. 无争议说明书(包括涉及使用专利、是否涉密等);

8. 可提供科技查新报告(复印件),有工法关键技术专利证书和科技成果获奖证明的,提供复印件,作为技术创新依据。

以上申报资料用A4纸打印,软面装订成册。

六、材料报送

报送地址:××××××××××××××,邮编××××××;

联 系 人:×××

联系电话:××× 010—××××××××;

电子邮箱:××××××××××@××.com。

附件:园林绿化工程建设工法申报表

附件 2：

园林绿化工程建设工法申报表
（2021 年度）

工法名称 _____

申报单位 _____

×××××××

填 写 说 明

1."申报单位"栏：应为工法的完成单位。

2."完成单位"栏：填写内容应与"完成单位意见"栏中的公章一致。

3."通信地址"及"联系人"栏：指完成单位的地址和联系人。

4."主要完成人"栏：最多填写5人。

5."工法应用工程情况"栏：最少填写2项工程；如填写1项(含)以下工程,应在申报表"工法成熟、可靠性说明"栏进行阐述。

6.工法关键技术涉及有关专利的,应在"关键技术及保密点"栏注明专利号。

7."工法形成企业技术标准情况"栏：该工法已形成了企业技术标准时,填写此栏。填写的内容包含企业技术标准名称、编号和发布时间等内容。

工法名称					
完成单位	1.				
	2.				
	通信地址			邮编	
	联系人		电话	办公室： 手机：	

主要完成人	姓名	工作单位	职务	电话

工法应用工程情况	工程名称	1.		
	开竣工时间		工程所在地区	
	工程名称	2.		
	开竣工时间		工程所在地区	

工法关键技术名称、组织审定的单位时间	

（续表）

工法关键技术获科技成果奖励的情况	
工法形成企业技术标准情况	

工法内容简述：

关键技术及保密点（如有专利，请注明专利号）：
技术水平和技术难度（包括与国内外同类技术水平比较）：
工法成熟、可靠性说明（当该工法应用工程少于 2 项时填写）：
工法应用情况及应用前景：

经济效益和社会效益（包括节能和环保效益）：
完成单位意见：   第一完成单位　公　章　　　　第二完成单位　公　章 年　月　日　　　　　　　　年　月　日
省风景园林学会（协会）意见：   盖　章 年　月　日

4.5 江苏省园林工法的经验做法

推进工法是一件非常有意义的事,是园林绿化工程建设科技进步的重要内容。近年来,江苏省风景园林协会大力推进全省工法推广应用工作,积极支持园林企业开展工法研制,努力为企业提供技术指导和行业支撑,做好各项服务。协会印发了《关于推进全省园林绿化工程建设工法工作的意见》,先后编著了《2012—2016年优秀工法汇编》,出版了《江苏省园林工程建设工法研制实用手册》,积极指导园林企业开发和编制园林工法。同时,要求大型企业每年应研发1~2项省级以上工法以及一批企业工法,中小企业应争取每年研发1~2项企业工法,并在工程建设中大力推广应用已发布的成熟工法,全省逐步形成具有园林绿化行业特色的工法体系。

(1)成立专家组指导企业研制工法

江苏省风景园林协会下设研发中心,中心由一批具有工法研编实践经验及专利代理师资格的专家技术团队组成,针对会员单位需求,建立工法专家咨询库,为会员单位提供工法咨询和服务。根据企业需要进行一对一的个案指导,帮助企业将具有高成长性的工程实践和先进的工艺技术列入工法开发计划,指导企业选题、立项、编写、申报,把专有技术或成果转化成企业工法。

(2)举办工法培训班

协会根据需要,每年定期组织开展专题讲座,特别是针对新技术、新材料、新理念方面的知识举办培训,帮助大家开阔视野,提高知识水平和工法编制质量。

(3)开展优秀工法评选

协会开展全省园林绿化工程建设优秀企业工法评选活动。对于评选出的优秀工法推荐申报省级工法。在2012—2016五年间江苏省级园林工法仅有27部,协会从2017年开始推广并指导工法研编以后,2018—2020年,近3年间据统计省级园林工法已有112部,省协会优秀工法161部,企业参与度逐年上升,积极性逐年增强,有力地推动了企业工程建设技术转化。

(4)开好发布交流会

根据具体情况和实际需要,对经评选产生的企业优秀工法进行实时发布、积极宣贯,促进行业内相互学习借鉴,取长补短,共同提高。对科技含量较高、有推广价值的工法进行了实时发布,产生了较好的影响。同时,协会积极协调相关部门将工法纳入企业市场能力评价和信用建设的评价体系。

第五章 企业的工法管理体系

5.1 企业工法管理体系的内涵

5.1.1 企业工法管理体系的重要性

企业是推动工法制度的最大受益者。推进园林绿化企业建立工法管理体系，完善制度管理，有利于加强企业的技术管理。工法体系形成后，企业可以用园林工法覆盖园林绿化工程项目的建设施工，推进企业的技术标准化工作。

通过编写工法，企业可以对自身形成的技术进行系统的整理和总结，形成本企业宝贵的技术财富。工法课题的开发与编写有利于提高企业的施工管理能力，有利于提高技术人员的技术素质、管理能力和文字表达能力。工法的编写和评审过程对于技术人员而言是学习和提高的过程。

5.1.2 企业工法管理体系的内容

园林绿化企业应当重视企业工法的课题立项、技术研究、工法编制及推广应用。企业可以建立专门的技术部门，负责本企业工法的收集、编写指导和发布，及时收集发布国家工程建设的方针、政策、标准和上级有关文件，加大工法开发与推广应用的宣贯力度，培养全员的工法意识。

企业根据发展需要，建立健全工法管理体系，做好顶层设计。总体上讲，企业工法管理体系应包括组织管理、制度管理、研发管理、推广运用。其中研发管理包括工法的选题与立项、工法编制、评审与发布等。

5.2 企业工法管理体系的建设

5.2.1 组织管理

推进工法的开发利用是"科技兴企"战略的重要内容之一，是园林绿化企业可持续发展和创新创优发展的需要。

园林绿化企业应将工法工作纳入重要议事日程，作为推进企业技术进步的重要手段，有计划、有针对性地组织研发和推广应用。根据企业实际，成立工法开发管理应用部门，明确企业主管负责人和管理协调部门，配备得力的技术骨干，有专人从事工法的开发计划、技术推广、工法编写、管理应用等工作。

由分管技术的公司领导负责推行工法库的建立和管理工作,企业技术负责人负责指导新工法的技术工作,工程管理部门或研发人员负责工法编写和工法库文件归档整理等日常管理工作。

研发人员应根据承接的园林绿化工程项目的特点、面临的复杂问题,结合公司技术优势,进行有针对性的工法研发、编写。公司定期开展培训会,组织员工对工法课题的创新和编制知识进行学习,以提高企业工法编写水平和技术含量。同时,着力做好工法的持续改进工作,在每半年的新工法的入库评审会上,安排讨论原编工法的修订工作,保持工法技术的先进性和适用性。同时,企业为保障工法研制的顺利开展,应成立工法编制组,编制组可以由不同工法的研制人员组成,也可以成立一个企业工法研制工作组。企业成立工法编制组模板如下:

××××××有限公司

××××字〔20××〕××号

关于成立××××工法编制小组的通知

各分公司、部门、项目部:

经公司研究,决定成立××××工法编制小组,以推进我司园林绿化工程建设工法的开发、编研和推广应用工作,加大企业创新创优力度,提升企业技术能力水平,提高技术人员的技术素质、管理水平和文字表达能力,实现企业科技进步的跨越。

对工法编制的相关工作,希望各分公司、部门、项目部配合。

××××工法编制小组人员组成如下:

组长:×××

副组长:×××

组员:××× ××× ×××

特此通知。

××××××有限公司

20××年××月××日

5.2.2　制度管理

企业推动工法的管理工作,应当制订适合自身发展需求的企业内部工法管理制度与办法。通过相关办法和文件,指导企业技术人员重视工程技术的工艺创新、制订和推广运用。

企业工法管理办法应由企业发文公布。企业工法管理办理的主要内容模板如下:

××××××有限公司

××××字〔20××〕××号

关于实施《××××××有限公司工法管理暂行办法》的通知

各部门：

经公司研究决定,自即日起实施《××××××有限公司工法管理暂行办法》(以下简称《暂行办法》),试行期一年。根据《暂行办法》中工法编写审核职责的要求,公司项目管理部负责归纳试行期间各方合理化建议并在试行期满后总结提交正式管理方案。

附件:《××××××有限公司工法管理暂行办法》

××××××有限公司

20××年××月××日

附件:

××××××有限公司工法管理暂行办法

伴随园林行业的发展,工法作为园林企业技术标准的重要载体,已成为企业研发和应用新材料、新技术、新工艺的重要内容,也是反映企业施工技术水平和施工能力的重要标志。建立企业工法(库),对于促进我公司的技术积累,提高技术和管理水平,从而进一步树立企业品牌,具有特殊和重要的作用。为此,特制定本管理办法。

一、目的

(1)将项目实践中,尤其是应用新技术、新材料和新工艺时取得的施工经验和相应的管理方法通过归纳和总结,以书面形式固化和积淀下来,为今后工作过程中遇到类似情况提供指导和借鉴。

(2)通过对工法的研究和长期积累,形成企业技术管理的宝贵财富——工法库,作为企业内部技术培训和技术标准的核心内容之一,以此促进公司核心竞争力和市场竞争力的进一步提升。

(3)建立企业工法(库),大力倡导员工把学习和实践结合起来,营造学习和创新型企业文化。

二、涉及范围及内容

(1)范围:本公司从事施工(含养护、工程、设计、材料等)的相关领域。

(2)内容:

①技术方面(含施工经验、操作技艺和相应管理办法)的经验与创新;

②产品创新(含新设计风格和元素、苗木花卉驯育和应用、新景观材料的遴选和应用、立体绿化新技术等)。

三、工法的编写

由公司分管项目施工的领导负责推行工法库的建立和管理工作。公司技术负责人负责指导新工法的评审工作。项目管理部负责工法编写和工法库文件归档整理等日常工作。

四、工法的内容

工法的内容一般应包括：

(1)特点：说明本工法在施工方法或管理办法上的特点。

(2)适用范围：说明适宜采用本工法的工程项目对象及相关要求。

(3)工艺原理、流程及操作要点：说明本工法的工艺原理、流程和操作要点。

(4)人力、材料和机具设备：说明本工法使用的人力、技术要求和工种构成，主要材料和机具设备及相关技术要求等。

(5)质量、安全和工效的说明：说明本工法对照执行的有关技术质量标准及符合情况，应注意的安全事项和需采取的针对性措施。对施工效率应予以说明。

(6)效益分析：从工程实践效果分析本工法在质量、工期、成本等方面的经济效益和社会效益(含统计分析)。

(7)应用实例：说明本工法应用的工程项目名称、工程概况(含工程量)和应用效果。一项工法的应用要求有两个(含)以上的项目实例。

五、工法的申报和评审

(1)申报主体、形式和方法

①可以以个人名义进行申报，也可以多人组合申报。

②申报形式：书面形式，为了直观形象地描述申报内容，要求将相应的图纸、图表、照片等作为附录一并申报。

③申报方法：报各部门负责人，经部门初审后报公司评审工作小组。

(2)评审

①由公司确定成立工法管理评审工作小组。

②评审工作小组结合公司工作总结每半年组织评审一次。相关部门均需提交 2 份(含)以上通过部门初审的候选工法供评审。评审结果在公司 OA 平台上予以公布。

六、工法的推广、应用和持续改进

(1)公司将利用多种方式组织员工对工法库的相关内容进行学习，推动公司工法的技术含量和编写水平不断提高。

(2)公司各部门应根据工程项目的特点，结合公司的技术优势，力争进行有针对性的工法研发、编写和推广。

(3)公司施工部门应组织学习工法，在工程施工中积极应用，并及时总结工法的应用效果。

(4)公司在投标活动中应将工法作为技术标中施工方案的技术模块，有针对性地加以应用。

（5）公司将着力做好工法的持续改进工作，在每半年的新工法入库评审会上，安排讨论原编工法的修订工作，保持工法技术的先进性和适用性。

七、保密和激励

（1）根据住建部《工程建设工法管理办法》的规定，工法作为公司技术成果积累的集中体现，知识产权归企业所有。职工对工法技术的发明、创造等，受知识产权保护。公司职工对工法均有对外保密义务，任何人不得出于商业或利益交换目的将工法内容外泄。

（2）公司将根据工法的编制和应用贡献，对表现突出的个人或团体给予表彰。

×××××××有限公司

20××年×月×日

注：该模板仅供参考，各企业视自身情况而定。

5.2.3　研发管理

企业工法的研发管理包括工法选题与立项、工法编制、评审与发布等，均应形成相关企业文件，这是管理体系的重要内容。

（1）工法选题与立项

企业工法应来源于本公司各业务部门在生产实践中对新技术、新产品、新工艺的运用。工法课题应具有先进、适用和保证工程质量与安全，提高工效，降低工程成本等特点。

企业根据承接的绿化工程项目，归纳提升工法核心工艺，以工法、工艺总结及技术要点等制定工法课题的方向，并在关键工艺开展技术创新，并研制工法。

企业年度工法的选题与立项方案可参考如下：

×××××××有限公司

××××字〔20××〕××号

关于实施《20××年工法的选题立项与研发管理办法》的通知

各部门：

经公司研究决定，自即日起实施《20××年工法的选题立项与研发管理办法》（以下简称《管理办法》）。各部门要根据《管理办法》中的要求和时间安排积极参与，保证本年度工法编制工作顺利推进，如期完成。

附件：《20××年工法的选题立项与研发管理办法》

×××××××有限公司

20××年××月××日

附件：

20××年工法的选题立项与研发管理办法

根据办公会要求,本年度工法编制应结合各部门的日常工作,由部门负责人及时观察发现和提炼发掘工作中的亮点和难点,并布置本部门相关人员编写。为保证该项工作顺利推进和如期完成,特提出如下要求：

一、基本要求

(1)工法素材主要来源于公司各业务部门在生产实践中对新技术、新产品、新工艺的运用。

(2)部门负责人负责本部门的工法立项和编写工作,部门负责人落实选题后(少量选题也可由公司管理层指定),必须落实专人编写,并对工法数量和质量负责。

(3)本年度各部门最终上报的工法数量最低要求暂定为：××部2个,××部2个,××部2个,××部2个,××部2个(具体数量由办公会讨论决定)。

(4)工法的编写内容与格式要求参见附件《×××××××公司企业工法编制要求》。

二、时间安排

(1)选题与撰写：20××年××月××日前。部门自行落实选题,落实专人撰写,并由部门负责人负责指导和修改,最终完成初稿。

(2)修改与定稿：20××年××月××日至20××年××月××日。将编写好的本年度部门工法初稿提交公司评审小组讨论并提出修改建议,然后由编写人修改定稿。

(3)评审与评奖：20××年××月××日至20××年××月××日。评审小组根据修改好的最终稿进行评审和奖励,并汇编成册,作为企业培训教材。

工法评审小组

20××年××月××日

注：该模板仅供参考,各企业视自身情况而定。

(2)工法编制

工法材料的编制是工法研发的关键工作和技术展示的直接成果。工法编写要求文字精练、表述准确、流程清晰、逻辑性强、数据可靠、图表与文字对应、工程照片真实客观地反映工艺具体过程。

企业工法编制要求可参考如下：

××××××有限公司

××××字〔20××〕××号

关于发布《××××××公司企业工法编制要求》的通知

各部门：

经公司研究决定，自即日起发布《××××××公司企业工法编制要求》（以下简称《要求》）。各工法编制小组须严格按照《要求》的规定编制工法，对施工现场形成的技术进行系统总结和整理，确保行文规范、条理清晰、逻辑严谨。

附件：《××××××公司企业工法编制要求》

××××××有限公司

20××年××月××日

附件：

××××××公司企业工法编制要求

一、工法编制内容

工法名称应简洁、明确。

工法（技术总结）内容重点从工法特点、适用范围、工艺流程、应用案例等多方面来阐述，一般可以包括以下内容：

（1）前言：重点描述行业发展的背景和趋势，产品、技术和工艺的应用背景。

（2）工法特点：说明本工法（技术总结）在使用功能或施工方法上的特点等。

（3）适用范围：说明最宜采用本工法的工程对象或施工部位。

（4）工艺原理（创新点）：说明本工法（工艺）的核心部分，与其他同类工艺的不同之处，包括技术创新或管理创新。

（5）施工工艺流程及操作要点：说明该工法的工艺流程（可用网络图等）和操作要点，要求简单明了，易于培训和学习。

（6）材料与设备：说明本工法使用新型材料规格的主要技术指标、外观要求等。机具设备：说明本工法所必需的主要施工机械、设备、工具、仪器等的名称、型号、性能及合理的数量。

(7)质量控制:说明本工法必须遵照执行的国家及有关部门颁布的标准、规范名称,并指出本工法在现行标准、规范中未涉及的质量要求。

(8)安全措施:除执行有关安全法规外,还采取的预防措施和企业规范。

(9)环保措施:遵循国家和地方、行业的有关环保指标,以及文明施工和注意事项。

(10)效益分析:从工程实践效果分析本工法质量、工期、成本等方面的经济效益和社会效益。

(11)应用实例:说明本工法应用的工程项目名称、地点、开竣工日期、实物工程量和应用效果及心得体会、经验教训等。一项工法的形成一般须有两个应用实例。

二、工法文件格式

排版格式要求如下:

(1)页面要求:大 32 开本 (140 mm×203 mm),页边距分别为:上 2.3 cm,下 2.0 cm,左 1.7 cm,右 1.7 cm。

(2)标题要求:

一级标题:华文中宋,小二号,占 5 行,居中;

二级标题:黑体,四号,占 3 行,居中;

三级标题:华文细黑,小四号,左对齐,1.5 倍行间距;

四级标题:黑体,五号,左对齐,1.5 倍行间距。

(3)正文要求:宋体,五号,单倍行间距。

(4)图题:黑体,小五号。

(5)编排层次:

1

1.1

1.1.1

……

注:该模板仅供参考,各企业视自身情况而定。

(3)工法评审与发布

①由公司成立工法管理评审工作小组。

②评审工作小组结合公司工作总结每半年组织评审一次。

③评审应当注重工法研发的实用性、先进性、创新性。工法应按照有关施工规范要求通过实践运用,体现核心技术,重点是实用、可操作。

④评审结果在公司公告或信息化平台上予以公布。

工法管理评审工作小组成立的通知模板如下:

××××××有限公司

××××字〔20××〕××号

关于成立工法管理工作评审小组的通知

各部门：

经公司研究决定，成立工法管理工作评审小组：

组长：×××

副组长：×××

组员：×××　×××　×××　×××

××××××有限公司

20××年××月 ××日

注：优先选择企业技术骨干并对编写工法有一定经验的人员。

公司工法评审表样式如下：

××××××公司工法评审表
（20××年）

评审档号：

工法名称	
主要完成单位	
主要完成人	
工法的关键技术评述（500字以内）：	
以上内容由工法主要完成人填写	

序号	评审内容		评审结果		
			优良 (8~10分)	一般 (5~7分)	较差 (0~4分)
1	正确性	(1)全部内容正确 (2)核心内容正确 (3)有局部瑕疵			
2	创新 先进性	(1)行业领先 (2)地区先进 (3)技术一般			
3	成熟 可靠性	(1)评估全面、措施有效、抗风险能力强、多次使用 (2)多次使用、措施有效 (3)首次使用、措施有效			
4	工艺原理 科学性	(1)创新、量化、可操作 (2)创新、可操作 (3)可操作			
5	工序流程 合理性	(1)合理、有序、量化 (2)合理、有序 (3)合理			

6	应用广泛性	(1)有推广前景 (2)可普遍使用 (3)局部使用 (4)特定使用			
7	生态环保合规性	(1)符合国家标准，效果明显 (2)符合国家标准，效果较好 (3)符合国家标准，效果一般			
8	文本结构逻辑性	(1)命题准确,层次清晰,逻辑性强 (2)命题准确,层次清晰 (3)层次清晰			
9	申报资料完整性	(1)申报表 (2)工法文本 (3)企业认可或有关批准文件 (4)其他证明材料			
10	经济效益	(1)效果明显 (2)效果较好 (3)效果一般			

（续表）

评审总得分	

主、副审人评审意见

(1)应用定性、定量简要描述(200字以内)：

(2)存在问题及改进建议(此项必填)：

主审签字：　　　　　　　副审签字：　　　　　　　副审签字：

专业评审组评审意见(选择项在括号内画"√",不选项在括号内画"×")

(1)同意作为企业级工法(　　)

(2)推荐申报省级工法(　　)

(3)建议修改,重新申报(　　)

(4)不予通过(　　)

简述理由(工法的先进性及不足,100字以内)：

专业评审组全体成员(签字)：

专业评审组组长(签字)：

20××年×月×日

年度工法评审意见模板如下：

××××××有限公司

××××字〔20××〕××号

关于发布《20××年度工法评审意见》的通知

各分公司、部门、项目部：

    20××年度工法编制与评审工作已圆满完成，实践证明推动工法的研发工作有效提高了施工效率，降低了工程成本，营造了良好的创新型企业文化氛围。现发布《20××年度工法评审意见》，对表现突出的团体和个人予以表彰。

    附件：《20××年度工法评审意见》

××××××有限公司

20××年××月××日

附件：

20××年度工法评审意见

    根据《关于20××年度企业工法编制要求》，本年度公司工法工作经过宣传动员、选题定纲、资料充实、修改定稿、组织评审几个阶段，现已圆满结束。

    一、本年度共收到各部门相关工法××篇，经评审小组认真评审，一致认为：

    1.《××工法》等×篇，可录入《20××年度××××××公司园林工法库》。

    2.《××工法》等×篇，需进一步充实资料，纳入20××年公司工法计划。

    3.《××工法》等×篇，其选题与工法要求有一定差距，不予采纳。

    二、评审小组对收入本年度工法库的工法，从背景分析、创新点、工艺流程和案例等四个方面进行了评选，评出一等奖1名、二等奖2名、三等奖6名，名单如下：

    一等奖1名

    《××施工工法》

    二等奖2名

    《××施工工法》《××施工工法》

    三等奖6名

    《××工法》《××工法》《××工法》《××工法》《××工法》《××工法》

附录：

    1. 录入工法库工法：

    《××工法》《××工法》《××工法》

    2. 充实资料，修改后纳入20××年工法计划：

    《××工法》《××工法》《××工法》《××工法》《××工法》《××工法》

××××××有限公司

20××年××月××日

5.2.4 推广运用

企业应当定期组织开展工法的培训,加强技术知识和工艺的宣贯,介绍工法的应用情况。鼓励创新,相互借鉴,积极推广应用。此外,在投标活动中,也可将工法作为技术标中施工方案的技术模块,有针对性地加以应用。

开发利用工法归根结底是企业自身发展的需要。先进适用的工法有利于推进企业施工技术标准化、管理规范化、推广运用模式化及便捷化。工法的运用可以彰显企业的技术能力、管理水平,也是企业做强、做优、做精的必然选择。

企业在完成优秀的工法后,可以通过公司发文,宣传工法在实际施工中的优越性;可以在公司内部所承包的项目中积极推广运用,以提高施工效益,增强企业竞争力;也可以汇编工法合集,便于企业员工内部交流及企业间互相沟通学习。

企业工法推广运用文件模板如下:

××××××有限公司

××××字〔20××〕××号

关于宣传推广先进施工工法的通知

各分公司、部门、项目部:

我公司××工法编制小组完成的《××施工工法》《××施工工法》经公司评审小组评审,认定工法的关键技术在行业内处于领先水平,经实践检验具有良好的经济、环保和社会综合效益,具有良好的推广运用前景,现已录入公司工法库。

现将工法文本下发,希望企业各分公司、部门、项目部技术人员认真学习,积极推广应用。若对工法有改进提升建议,请及时与××工法编制小组×××联系(电话:×××××××××××)。改进建议一经采纳,公司将公开表扬并给予奖励。

××××××有限公司

20××年××月××日

附录:

1.《××施工工法》

2.《××施工工法》

第六章 | 工法案例

案例一

滨海绿地排盐碱施工工法

上海园林绿化建设有限公司

1 前言

近年来,滨海地区已成为我国发展"蓝色经济"的重要阵地,研究滨海盐碱地的改良绿化技术对城市生态建设发展有着重要的意义。滨海地区盐碱地绿化工程中,盐碱地改良效果的好坏直接关系到植物能否成活及土质能否长期满足植物生长的需要,是工程成败的决定性因素。传统排盐碱措施通常是置换土壤,但滨海地区濒临海域,水盐运动频繁,置换的土壤很可能随着水盐运动出现返碱现象。

针对上述问题,研究开发了滨海绿地排盐碱施工工法。本工法隔盐层的铺设可明显改良盐碱地。为了将盐水与植物生长范围的土壤隔开,我们在土方开挖后、种植土回填之前在底部铺设可供排水的管道,上铺碎石、盖稻草,希望在雨季降水时土壤中的盐分能够随水流进入管道,并通过碎石、稻草等阻止旱季水分蒸发时随水返上来的盐分,最后再回填种植土,最终形成一道排盐除碱淋层。本工法在胶州经济技术开发区基础设施工程、上海老港造林项目中得到了应用,取得了良好的社会效益和经济效益。

2 工法特点

2.1 本工法操作简单,并可以与盐碱地专用有机肥相结合,排盐碱效果显著。排盐井砌筑完成后可长久使用,土工布、土工膜、稻草、碎石、盲管等原材料搜集方便,造价低,使得此工法性价比较高。

2.2 传统意义上的盐碱地改良是直接进行土壤置换或对土壤进行增肥改良,但此方式不适用于滨海等地下水位偏高的地区,因为这些区域地下水位变化不定,导致水盐变化频繁,刚改良好的土壤有可能因为一次大降雨导致的水位升高、水盐上返而功亏一篑。本工法的重点工艺隔盐层的铺设恰好弥补了这一点,巧妙地利用碎石、稻草设置隔离层,水位上升时,也可将水分中的盐碱阻隔于隔盐层以下,有效防止返碱。

3　适用范围

本工法可操作性强,适用于各地区地下水位高、矿化度大、容易积盐的地区,如河流及渠道两旁的土地(因河水侧渗而使地下水位抬高,促使积盐),或沿海地区(因海水浸渍,可形成滨海盐碱土、滨海盐碱地等)。

4　工艺原理

盐碱地园林绿化的不利因素很多,主要矛盾是土壤中含有过多的可溶性盐分,根据"盐随水来,盐随水去,盐随水上,盐随水下"这一水盐运动规律,详见图1,需利用大量的中水或雨水灌溉,将土壤中的盐分带走,而大量中水的灌入需要有排水系统才能将盐分带走,因此,需在种植土底部设置排水管。排盐井负责将整个绿地区域内的盐碱水汇集,然后统一排入市政雨污水管网。排盐除碱淋层的铺设,则是为了防止排走的盐碱水因为水位上升而返碱(详见图2)。

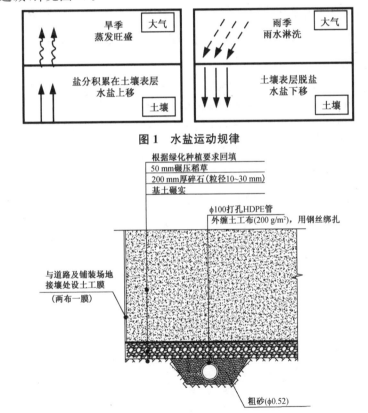

图1　水盐运动规律

图2　绿化区排盐碱做法示意图

5　施工工艺流程及操作要点

5.1　施工工艺流程

排碱管铺设 → 排盐井砌筑 → 排盐除碱淋层的铺设 → 种植土回填

5.2 操作要点(以胶州项目为例进行介绍)

排盐碱施工的整个过程如下:在绿化种植区域内,种植土回填之前,先在种植土底部铺设排盐管,同时根据现场情况按照一定距离砌筑排盐井。排盐管与排盐井相接,绿化种植区域浇水或降雨时,水分透过种植土带走土壤中的盐分进入排盐管,排盐管再将收集到的碱水排至排盐井,最后汇渠到一起排至市政雨污水管网。

5.2.1 排碱管铺设

(1)盲沟开挖

排碱管铺设前需要进行盲沟开挖,盲沟施工应注意:

①盲沟开槽后槽底应清理干净,防止积水、烂泥、杂土积存在槽底。

②盲沟所用各种填料要求洁净、过筛,尤其回填中砂应严格控制含泥量,以防堵塞滤水层,保证盲沟排碱效果。

③各层填料层次分明、密实,需保证填料按时回填,保证盲沟排盐效果。

④盲沟应分段施工,当日下管填料应一次完成,力求尽早回填,不宜使填料工作中断,防止泥土杂物掺入破坏滤层。

⑤盐碱水排入市政雨污水管网,施工前务必核实雨水管位置及高程。

(2)铺设排碱管

排碱管可将地面浇水时下渗的带盐碱的水分排到排盐井和市政检查井中,随着市政管网排走。盲沟开挖完成后开始进行排碱管的铺设。

与排盐井相接的排碱管选用打孔 DN100 HDPE 管(采用条形进水孔,尺寸为 6 mm×80 mm,水平及横向间距均为 25 mm),外缠土工布(200 g/m²)两道,用钢丝绑扎,以防止杂物进入阻塞管道。接入市政检查井的连接管选用 HDPE 双壁波纹管 D200,HDPE 管材环刚度不小于 8 kN/m²。

管道铺设坡度不小于 0.5%。

行道树树穴下方仅设置隔盐层,不布置排盐管,详见图 3。

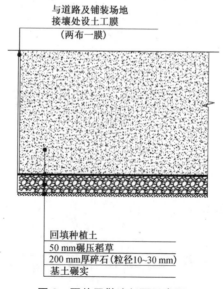

图3 隔盐层做法剖面示意图

铺装场地以下的排盐管线用打孔 DN100 的 HEPE 管线,并采用直径 120 mm 钢管环包,长度为各伸出铺装边 1 m。

如遇构筑物,为防止绿化带与构筑物交界处的盐碱渗入,需要沿构筑物外壁包裹土工膜,详见图 4、图 5。

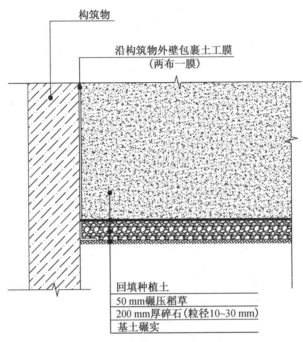

图 4　隔盐层与构筑物交接做法侧面示意图

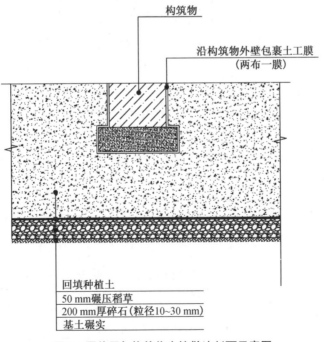

图 5　隔盐层与构筑物交接做法剖面示意图

道路中央分车带排盐碱措施参见树穴隔盐层做法,即图5做法。

5.2.2 排盐井砌筑

现场做好定位放线之后进行土壤开挖,开始砌筑排盐井。做法:M7.5水泥砂浆砌砖体,1:2水泥砂浆里外抹灰,排碱井为700MU10砖砌井,复合材料井套、井盖,1:2水泥砂浆固定,详见图6、图7。

排盐井的定位要与排盐管的铺设相辅相成,排盐管要与排盐井有效相连,以便将盐碱水排入排盐井。

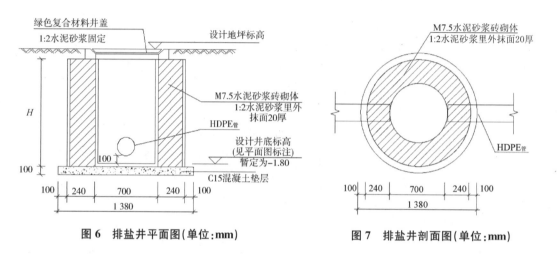

图6 排盐井平面图(单位:mm)　　　　图7 排盐井剖面图(单位:mm)

5.2.3 排盐除碱淋层的铺设

排碱管铺设后,进行排盐除碱淋层的铺设。淋层先采用粒径10～30 mm的碎石满铺,铺设厚度一般为150～200 mm,厚度误差范围为±10 mm;再在碎石层上方铺设草帘2～3层并压实。为保持土壤有良好的排水性和透水性,淋水层须做出1‰～2‰的排水坡度,且要均匀一致。

排盐除碱淋层既能使因绿化种植土浇水过多或因下雨而聚积的水分渗透到盲管中,及时排走多余水分,又能防止种植土堵塞盲管而失去排盐碱作用。这是由于绿化带底层碱土中的盐分可以沿着土壤毛细管上升,到达淋层平面时,毛细管被破坏,水分通过排盐盲管上的渗水孔流到排盐盲管内被及时排走。

5.2.4 种植土回填

排盐除碱后进行种植土回填及地形构筑。必须使用适合植物生长的土壤,团粒结构良好、不板结,土壤可溶性盐含量不超过0.3%,pH在6.5～8.5,有机质含量不少于2%。

为有效阻断绿化带边缘盐碱渗入,充分发挥隔盐碱作用,需进行土坝的构筑(见图8)。通过合理的组织及高程控制抬高种植土构筑地形,保证园林苗木生长所需的土壤厚度。

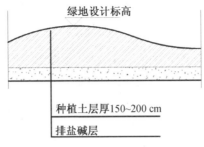

图 8　土坝构筑地形剖面图

6　材料与设备

6.1　材料

表 1　主要材料一览表

序号	材料名称	用量及规格	备注
1	土工布、土工膜	用量根据项目情况确定	缠绕排盐管，隔离构筑物
2	粒径 10～30 mm 碎石	200 mm 厚，用量根据项目情况确定	铺设排盐除碱淋层
3	草帘	2～3 层，用量根据项目情况确定	铺设排盐除碱淋层
4	HDPE 管	6 mm×80 mm	铺设排盐管
5	砖、水泥砂浆	用量根据项目情况确定	砌筑排盐井

6.2　设备

表 2　设备一览表

序号	设备	备注
1	土壤 pH 检测仪	用以检测土壤酸碱度

7　质量控制

7.1　执行标准

《暗管改良盐碱地技术规程 第 2 部分：规划设计与施工》(TD/T 1043.2—2013)

《砌体结构工程施工规范》(GB 50924—2014)

《园林绿化工程盐碱地改良技术标准》(CJJT 283—2013)

《城市绿化工程施工及验收规范》(CJJT 82—2012)

7.2　质量控制要求

排盐管埋深越大，所影响的范围越大，间距也可增大。先确定埋深，再确定排盐管间距。一般埋深 1.5 m 时的影响范围是 80～100 m，在考虑管壁堵塞等因素的情况下，间距一律可确定在 30～50 m 范围内。

8　安全措施

8.1　施工中应注意保护地下管线、周边建筑及其他地下设施。

8.2　若工程地下管线较多,施工前务必刨验有可能对排盐管造成障碍的已建管线高程,核查对排盐无影响后才能施工。

9　环保措施

9.1　施工过程中材料摆放整齐,草帘、土工布等轻薄物品勿随处乱放,防止大风天气被风刮乱影响市容。

9.2　施工选择在白天进行,防止施工噪声影响周边居民夜间休息。

10　效益分析

10.1　此工法的应用可以使盐碱荒滩变为良田,从而解决设计师对滨海盐碱区域植物配置局限的困惑。通过人为的有利干扰,一些不耐盐碱的植物也能正常生长。

10.2　此工法施工简单,成本低。排碱管铺设成本预计 40 元/m²,排盐井 800 元/个。形成成熟的技术方案后,可以在保证绿化景观效果的前提下减少建设投入。

10.3　此工法的应用可长久控制土壤的盐碱度情况恶化。

11　应用实例

11.1　该工法在胶州经济技术开发区科技大道等 11 条道路绿化工程中进行了运用。胶州经济技术开发区地处胶州湾,是在"给洪水以出路,变荒滩为宝地"的思路指引下填海形成的,因此该区域土地盐碱化相当严重。经过该工法改良后,目前已栽植植物生长效果良好,未发现长势不良情况。

11.2　该工法在老港造林工程中进行了运用,通过排盐除碱淋层的铺设有效防止了返碱,可显著改良盐碱地,弥补传统方法的不足。经过该工法改良后,目前已栽植的植物生长效果良好。

案例二

精细化光影模纹主题花坛施工工法

南京万荣园林实业有限公司

1　前言

国内主题模纹花坛已作为一种重要的景观应用形式出现在各个公园绿化、街道广场中,样式由平面低矮的构图发展到大面积斜面等多种形式。传统模纹花坛建设材料单一、线形粗犷、图案感不强,后期养护不到位还会造成模纹花坛变形或区域斑秃,影响景观效果。

为解决上述问题,南京万荣园林实业有限公司在鼓楼 A2 广场主题模纹花坛的制作过程中,针对传统施工工艺的弊端不断钻研,将精细化施工管理贯穿鼓楼 A2 广场光影模纹花坛施工全过程,最终研制出精细化光影模纹主题花坛施工工法,同时将自主研发的"一种多用途自动灌溉施肥控制系统"专利产品运用到项目上,实现全自动精准灌溉养护。为推广该工艺,2019 年公司组织技术人员将该工艺研发编制成工法,同年获批为企业工法。2020 年技术人员在企业工法的基础上进一步修订,该工法成功获批为 2020 年度江苏省工程建设省级工法。同年,该工法获 2020 年度江苏省园林绿化工程建设优秀企业工法称号。2019 年 11 月,以该工法为蓝本拍摄的施工工艺视频在 2019 年度南京市城乡建设领域新技术应用视频大赛中荣获园林类唯一"金奖"。

2　工法特点

与传统模纹花坛相比,精细化光影模纹主题花坛施工工法在功能上和美观性上都大大提升,主要体现在以下方面:

(1)该工法将 3D 全息投影技术与模纹花坛相结合,不同排列组合的灯管在高速旋转下,形成不同图案投影至花坛上,与植物科学搭配,相得益彰。

(2)该施工工艺的 LED 灯带采用低散热灯珠,运用下埋工艺,下埋高度经过科学计算,合理留出灯珠热量散发空间,避免损伤植物,节能环保;植物材料与非植物材料相结合,利用亚克力发光板和 LED 灯珠形成光影效果。

(3)该工艺施工全程实行精细化管理,设计、施工、养护层层把控,为实现最佳视线效果,严格控制尺寸比例,并运用自主研发的"一种多用途自动灌溉施肥控制系统"专利产品,实现全自动精准浇灌。

3　适用范围

精细化光影模纹主题花坛施工工法适用于一些特殊的重大活动或各个节日庆典,可快速营造出五彩缤纷、花团锦簇的节日景观,将气氛渲染得更为热烈。

4 工艺原理

该工法将亚克力发光板材、LED灯带及3D全息投影仪等亮化材料及设备与主题花坛相结合,形成精细化程度高、光影效果显著的精细化光影模纹主题花坛。

5 施工工艺流程及操作要点

5.1 施工工艺流程(见图1)

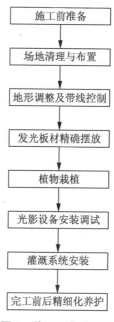

图1 施工工艺流程图

5.2 操作要点

5.2.1 施工前准备

(1)根据设计图纸要求结合现场施工条件,编制切实可行的施工技术方案,并对现场施工人员进行施工技术与安全交底,明确岗位职责、施工程序、工艺流程与质量要求以及施工所需要注意的事项。

(2)施工前考察现场环境、地形、排水等情况及施工条件,查看现场是否通水电、材料运输通道是否畅通等情况。

(3)明确施工条件后,进行方案整体规划,如水电如何接至施工面、材料是否有堆放点、材料运至现场需要投入的机械是否有安全隐患等。

(4)方案确定后进行施工组织计划,明确人员、材料、机械的具体组织计划。项目部配备相应的运输车辆,便于小型配件、生活物资、小批量材料的运输、材料送检和业务联系等日常工作的开展。

(5)准备好施工所需要的各种材料、构配件、施工机具等,按计划组织到位,组织施工机械进场并进行安装调试；建立劳动组织，合理组织施工队伍，按照劳动力调配计划安排工作。

（6）定制施工所需材料。如定制金属围板及钢钎，拼接起来正好为设计尺寸大小。金属围板内部结构为不锈钢钢管，外部为铁皮封面，材质优良耐用。钢钎用于灯带固定，上方有U形头，便于摆放灯带。亚克力发光板材由厂家制作配送，内部有LED发光体，工作时温度不超过20℃，确保亚克力外表面完好且不影响植物的正常生长。

5.2.2　场地清理与布置

（1）现场为重点交通节点，围挡高度设置为2.5 m，减少对行人以及周边环境的影响。

（2）去除现场多余的植物，并用彩条布铺设专门的垃圾清理区方便垃圾收集与外运（见图2）。现场将作业内的渣土、工程废料、原有宿根植物、杂草及其他有害污染物清除干净。清理程度应符合设计要求下清50 cm。

（3）对清理出来的施工区域进行土地粗整理，达到初步平整、土粒松散、块粒明显。对土壤进行深度翻整，达到土壤疏松、块粒细腻，并适当加入营养土，使土壤达到适宜植物生长的状态（见图3）。

图2　场地清理

图3　平整土地

5.2.3　地形调整及带线控制

(1)采用水准仪进行标高控制,在同一条水平的视线,前后尺的读数差就是两点的高差。采用经纬仪进行角度控制,通过目视瞄准的方式在经纬仪的内置码盘上读出角度值。

(2)按设计要求,视角设置为人视上下130°,中心视角为中心线的上下3°,视点高度为1.6 m。以人眼向前平视90°然后向下倾斜15°~40°为人的最佳视角作为标准,调整后的场地上下口标高差控制在2.2~2.3 m之间,坡度在11°~11.5°之间。根据项目精度要求,每2 m设置一个控制点,对标高进行带线控制,完成后替换金属围板(见图4)。

图4　现场放线

5.2.4　亚克力发光板材精确摆放

采用带线网格定位方式,网格放线规格及亚克力发光板材的放置高度严格按照设计要求,倾斜坡度与地形坡度平行(见图5)。

图5　亚克力发光板材摆放

5.2.5 植物栽植

(1)现场人员根据设计要求对植物进行验收,重点对叶色、高度、冠幅进行优选。要求植物高度为 40 cm,冠幅 45 cm,叶色为正红色。

(2)现场植物种植采用带线种植的方式,每 1 m 设置一根高度为 40 cm 的参照线,植物叶片的上沿口不能明显高于或低于此线(见图 6),植物的高度应低于亚克力板材高度 3 cm。考虑到效果与日后的养护,种植的密度控制在 25 株/m² 。

图 6 植物栽植

5.2.6 LED 灯带及 3D 全息投影设备安装调试

(1)经过现场调查,根据周围建筑的灯光强度,选取了以 LED 灯珠为主体的发光材料,下部粘贴在铁片上方便固定。每隔 2 m 预先埋置支撑钢钎,在栽植的同时把灯带同步安装在钢钎及横向固定的钢丝网格上。灯带的高度控制在 35~37 cm,低于植物表面 3~5 cm。

(2)现场根据需求选用大小合适的全息投影设备,由设计人员通过电脑下载等方式选择动态图片存于设备的内存卡中。调试好后进行底部固定安装,统一从电源控制箱供电(见图 7)。

图 7 LED 灯带及 3D 全息投影设备安装

5.2.7　灌溉施肥控制系统安装

（1）控制箱制作安装

控制箱首部系统是整个项目的核心部分,主要由 PPR 管、各种设备、电磁阀、控制器组成。控制箱本身大小根据现场勘察情况确定,要求保证内部功能的同时不影响花坛的景观效果和周边设备的正常使用。

首部核心是由动力机和水泵构成的水泵机组。安装时一般先装总阀、电磁阀;再安装过滤设备、施肥设备,施肥设备应安装在过滤器之前,且其上游应安装逆止阀;然后安装量测仪表、控制设施、安全保护装置;最后安装智能控制器。

整套控制箱首部系统内部设备连接主要使用的是 PPR 管材,连接方式一般是采用热熔法。

（2）施肥和施农药设备安装

①施肥和施农药装置应安装在过滤器前面。

②施肥和施农药装置的进、出水管与灌溉管道连接应牢固,如使用软管,应严禁扭曲打折。

（3）管网布设

①严格按照设计图安装管道,管道的竖向铺设一根主管,横向铺设支管。因各个工程现场情况不同,管道布置也不同,因地制宜。管道安装按干、支、毛管顺序进行。

②灌溉管网使用 PE 管材铺设,采用热熔法。施工时的要求与 PPR 管材相同。

③通过各种三通弯头,直接用管网连接件来连接支管与主管,在各个接口处都要保证连接严实、不漏水,在接头处须上卡箍卡死。

④在支管安装的同时进行排气阀、排水阀的安装。排气阀安装在支管的最上方,排水阀安装于支管的最下方。

⑤阀门、管件的安装是干、支管上安装螺纹接口阀门时加装活接头。连接处保证无污物、油迹和毛刺。

（4）灌溉管网压力测试

采用钢管、化学建材管的压力管道,管道中最后一个接口焊接完毕一个小时以上方可进行水压试验。试验管段注满水,在不大于工作压力条件下充分浸泡后再进行水压试验,浸泡时间为 24 小时。

6　材料与设备

6.1　施工材料

模纹花坛植物种植所需材料:营养土、植物材料、塑料薄膜等。

光影效果所需材料:LED 灯带、亚克力发光板材、3D 全息投影仪等。

6.2　施工机具设备

配套测量仪器:经纬仪、水准仪、标杆、钢卷尺、直尺、水平尺等。

小型施工器具:铁锹、锄头、小推车、修枝剪、扫帚、簸箕等。

主要施工机具:热熔器、增压泵等。

表1　施工机具设备一览表

序号	机具名称	单位	备注
1	经纬仪	台	施工放线角度测定
2	水准仪	台	施工放线高度测定
3	标杆	根	定位
4	钢卷尺、直尺、水平尺	把	测距
5	锄头、铁锹	把	平整土地
6	扫帚、簸箕	把	清理垃圾
7	小推车	辆	运输垃圾
8	修枝剪	把	修剪枝叶
9	热熔器	台	连接管材
10	增压泵	台	压力测试

7　质量控制

工程施工应建立工序自检、交接检和专职人员检查的"三检"制度,并保存完整检查记录。每道工序完成后,应经监理单位(或建设单位)检查验收,合格后方可进行下道工序的施工。

7.1　施工操作遵循的规范

7.1.1　植物及相关栽植质量应符合《园林绿化工程施工及验收规范》(CJJ 82—2012)的规定:植物的成活率达到95%以上;地被植物种植应无杂草、无病虫害;植物无枯黄。

7.1.2　灌溉部分验收应按《喷灌工程技术规范》(GB/T 50085—2007)和《微灌工程技术标准》(GB/T 50485—2020)的规定执行。

7.2　质量验收

7.2.1　工程验收前提交下列文件:设计文件,施工记录,隐蔽工程验收报告,水压试验、管道冲洗和系统运行报告,竣工报告及竣工图纸,监理报告,工程决算报告,运行管理办法。

7.2.2　竣工验收包括下列内容:技术文件正确齐全,工程按批准的文件要求全部建成,配套设施完善,安装质量达到规定,实测工程主要技术指标符合规定。

7.2.3　应对工程的设计、施工和工程质量做出全面评价,并对验收合格的工程出具竣工验收报告。

7.3 质量保证措施

7.3.1 确定切实可行的质量保证技术措施、质量计划、操作规范,并对施工员进行技术交底。

7.3.2 成立质量管理领导小组,对工程全过程进行质量监管控制。

7.3.3 严格把关材料进场检验,使用先进的、计量准确的施工设备,加强对现场施工设备的维护与保养。

7.3.4 树立全员质量管理意识,强化质量责任心,对现场施工人员进行质量培训。

8 安全措施

8.1 以"安全第一,预防为主"为原则,完善劳动保护措施,严格执行安全技术操作程序,严禁违章指挥,严禁违章作业,做到三不伤害(不伤害自己、不伤害别人、不被别人伤),防范各类事故、事件发生,遇突发事故及时上报处理。

8.2 认真做好安全教育和培训工作,认真落实"安全第一、预防为主"的安全方针,做好职工的"三级"安全教育,即入场教育、公司级的安全教育、班前安全教育。要提高职工的安全防护意识,确保施工期间无安全事故。

8.3 配备足够数量的防护设施和器材,针对不同工程特点、不同施工部位采取相应的全防护措施,同时做好安全警示标识。

8.4 严格用电制度。电源和设备必须采取漏电保护和接零接地措施;对电气设备开展定期和不定期检查,确保设备处于良好运行状态。

8.5 制定安全应急救援预案,对危险源有相应的防护措施和应急救援方法,做好其他有关工作。

8.6 认真做好安全技术交底工作,必须做好一级、二级、三级安全交底的实质性教育培训和签字落实工作。

9 环保措施

9.1 施工前编制专项环境管理方案。

9.2 施工现场采取覆盖、固化、洒水等有效措施,做到不泥泞、不扬尘。

9.3 施工现场的材料存放区、大模板存放区等场地平整夯实。施工现场要做到工完场清,保持整洁卫生、文明施工。

9.4 在组织施工过程中严格执行国家、地区、行业和企业有关环保的法律法规和规章制度。认真学习环境保护法,严格执行当地环保部门的有关规定,会同有关部门组织环境监测,调查和掌握环境状态。

10 效益分析

10.1 经济效益

光影模纹花坛能够美化城市环境,是优美的城市景观不可分割的组成部分,高品质的城市景观有助于提升城市形象和知名度,可带动城市经济良性发展,对城市生态经济发展具有一定的促进作用。

采用亚克力发光板材、LED灯带及3D全息投影仪等节能材料营造光影效果,与传统的灯光相比,在花坛主题的表现方面内容更加丰富生动;采用的多用途自动灌溉施肥控制系统与传统人工灌溉相比更加精细化、科学化。在资源方面,就鼓楼A2广场光影模纹花坛示范工程来说,虽然前期投入要大于传统方式,但节能材料可以减少后期资金的投入,且在后期养护期间,日常管理便捷,基本无须人员到场。

10.2 社会效益

光影模纹花坛生动的造型、缤纷的色彩及鲜明的主题寓意,对地方文化特色、时代精神、园林绿化水平等起到一定的宣传作用,对提升一个城市的城市印象和艺术面貌有重要作用,具有时代感和民族感。

以鼓楼A2广场光影模纹花坛为例,在2019年国庆期间建设"鲜花国旗"花坛,充分展现了国旗的威严庄重,是园林人为庆祝新中国成立70周年献出的一份特殊的贺礼。"我爱南京"光影模纹花坛由不同色彩和质感的植物材料组成图案或字样立体造型,有标志和宣传的作用。"天使的春天"模纹花坛贴近时事,致敬医护人员。

10.3 环保效益

光影模纹花坛以植物为载体,以植物作为景观艺术作品中的基本表现单位。通过研究其主要景观组织所具有的色彩、质感等观赏特性,结合项目主题要素进行造型设计。可提升景观层次,多角度丰富城市彩化、亮化,合理增加花坛植物间的留白区域,有助于减少城市污染,改善城市环境,具有显著的生态效益。

鼓楼A2广场光影模纹花坛示范案例中使用1.5万颗红色LED灯珠,总消耗功率不超过2 100瓦;自动灌溉系统的使用不仅能在日常养护的灌溉水量方面提升水资源利用率,提供稳定、可持续性强的水源供给,而且对植物的生长也有一定的好处,间接做到省时省工,减少各方面的资源浪费。

11 应用实例

11.1 "天使的春天"主题光影模纹花坛

该项目位于南京市鼓楼A2广场,总面积138.24 m²,是为迎接南京援鄂医护人员回宁而建设的花坛。该项目由2万多株花卉搭配白色卵石等材料组成,由鲜花构成了一个白衣天使的形象,女医护侧颜闭目,摘下帽子,仿佛在享受春日的阳光。加上3D全息投影,夜幕降临,花坛散发流光溢彩,呈现蝴蝶飞舞的景象(见图8)。

图 8 "天使的春天"主题光影模纹花坛

11.2 "国旗"主题光影模纹花坛

该项目位于南京市鼓楼 A2 广场,总面积 138.24 m²。该项目是为庆祝新中国成立 70 周年所设计的,属于"南京市 2019 年国庆环境布置与养护服务项目"的分项工程。鲜花国旗的主题形式是园林人为庆祝新中国成立 70 周年献出的一份特殊的贺礼。

该项目根据设计室提供的图纸现场确定范围及施工区域。国旗模纹花卉是以 4 号国旗同比例放大 100 倍设计的,长 14.4 m,宽 9.6 m,共计 138.24 m²。定制金属围板及钢钎,长为 4.8 m×3 块,宽为 4.8 m×2 块,拼接起来正好为设计尺寸大小。金属围板内部结构为不锈钢钢管,外部为铁皮封面,材质优良耐用。钢钎用于灯带固定,长 40 cm,上方有 U 形头,便于摆放灯带。五角星由厂家制作配送,材质为亚力克,内部有 LED 发光体,工作时温度不超过 20 ℃,确保亚克力外表面完好。

地形标高设计以人眼向前平视 90°然后向下倾斜 15°～40°为人的最佳视角作为标准,确保观赏效果及拍照效果。调整后的场地上下口标高差控制在 2.2～2.3 m 之间,坡度在 11°～11.5°之间。根据项目精度要求,每 2 m 设置一个控制点,对标高进行带线控制,完成后替换金属围板,到此场地已基本整理完成。五角星区域采用带线网格定位方式,网格放线规格为 48 cm×48 cm,五角星的高度控制在 43 cm,倾斜坡度与地形坡度平行。现场先放置大五角星,确认大五角星中心点。剩余 4 颗小五角星均有一个角尖正对大五角星的中心点,便于精确放置。

经过现场调查,根据周围建筑的灯光强度,选取了以 LED 灯珠为主体的发光材料,下部粘贴在铁片上方便固定。本项目共使用 1.5 万颗红色 LED 灯珠,总消耗功率不超过 2 100 瓦。该项目是园林艺术跨界的一次创新实践,不仅展现了真实花卉的艳丽,还将光影艺术与园林手法相结合,使得花坛在白天和夜晚各自绽放不同的光影效果。

11.3 "圆"主题光影模纹花坛

该项目位于南京市鼓楼 A2 广场,总面积 138.24 m²,项目全程贯彻精细化施工准则,施工期短,短期工程任务量繁重,但根据精细化施工要求,已在进场前做好施工前期准备工作,保证项目进度可如期完成(见图 9)。该项目增加了时尚的 3D 全息投影技术,利用不同排列组合的灯管在高速旋转下,将不同形状、颜色的蝴蝶投影至花坛上,构成一幅美丽的画卷,增加了花坛的科技感和生动性,使花坛的夜景充满了浪漫和童趣。

本次设计以"圆"为主要元素,主题切合国庆与中秋节日,表达了深厚的家国情怀,小圆大圆相互交错的模式也寓意着"家是最小国,国是千万家"。本次设计不仅考虑了平面的景观效果,也增加了立面的景观,立面景观中体现了中秋元素,采用了可发光的月亮与镂空的一家人剪影的形式,形成了有趣的框景,并在画面的右上角设置了两个手拿气球奔跑的小朋友形象,增强了画面的活力感。

图 9　"圆"主题光影模纹花坛

11.4　"一起 2021"主题光影模纹花坛

该项目位于南京市鼓楼 A2 广场,总面积 138.24 m²。"一起 2021"主题花坛图案模拟颜料泼在画板上的效果,采用红、黄、蓝三原色,用紫色、黄色角堇和红色火焰南天竹加以打造,在空间中四个数字逐渐从平面向立面变化,空间层次更加丰富,并富有变化,整体效果活泼,具有趣味感(见图 10)。

图 10　"一起 2021"主题光影模纹花坛

　　该主题花坛设计最具特色的首先是"1"字造型融合了多种南京元素,顶部的亚克力灯箱灵感来自南京长江大桥的红旗造型,旋转的中部六边体寓意着六朝古都,其表面的花纹取自南京的城墙造型;其次,"1"字造型为可旋转绿雕,配合跑马灯使其动感更强,让静止的画面动了起来,旋转绿雕的建成应用体现了南京园林技术的创新与发展。

案例三

花街铺地施工工法

浙江人文园林股份有限公司

1 前言

花街铺地是在园林环境中用自然的卵石、望砖、瓦片等铺地材料按照一定的图案铺设于地面,构成丰富多样、精工细作的路面。花街铺地也是园林景观的一个有机组成部分,不仅具有分割空间、组织交通、引导游览、贯穿始终、美化环境的作用,还有排水防滑的功能,提高了游人游览的安全性。

目前欧美的很多国家更多使用可再生性材料、透水性材料和绿色环保型铺装材料,这些材料在城市道路与广场建设中已经大量使用。我国现在以透水性的材质作地面铺装材料,既可有效防止雨洪、积水的危害,又实现了雨水再利用,十分节约环保,符合新时代的施工标准和要求。

花街铺地是我国的传统工艺,主要以卵石为主,辅以瓷条、瓦片、望砖等材料混成各种花纹铺地,将传统文化融入日常。部分材料为废物再利用,体现生态性铺地。目前生态性铺地已经得到各界的高度认同,但是在具体施工中,其生态性仍存在一定的问题。为此我公司根据施工实际需要,组织专业技术人员对花街铺地施工技术进行攻关,经过研究和实际应用,总结出一套花街铺地施工工法。经施工检验效果明显,技术先进,深受欢迎,有较大的市场空间与发展潜力,因此有明显的社会效益。

2 工法特点

2.1 利用预制瓦片、缸片、筒瓦等陶制透水透气材料为填充、边框材料,实现雨水下渗和低碳施工,效果显著。

2.2 本施工方法可以在施工点现场铺设,也可以在相对独立的场地预制,然后运送至指定铺设场地拼接施工。利用花街铺地预制品施工时,既可避免交叉施工的情况,又可有效地提高施工效率。

2.3 精确测量、科学定位地切割边框和填充材料实现了无缝边框对接严丝合缝,减少了材料损耗,提高了施工效率。切割时喷雾可降低粉尘弥漫,保护环境。

2.4 精选卵石,选取大小、形状、色泽、质地等较为一致的卵石,确保铺地图案精美,提高工程质量。

2.5 打底灰为高强水泥,干灰、护浆为湿浆等,在不同工序间交替使用,既节约材料,又可以发挥固定功能。

2.6 卵石等材料施工时,海棠、梅花等花纹采用离心式或向心式铺设,两种铺设方式都是先铺设中心点,然后对称排布。冰裂纹、无望砖卵石铺地采用控制线先行,再一次摆放。各种花纹摆放时,前后左右间距一致,色彩鲜明,形成良好的视觉景观。卵石高度设置精确,牢固性得到保证,同时兼顾行人足底按摩和防滑功能。

2.7 适用范围广泛,可在景区园路工程中使用,还可在广场、亭榭周边、庭院等铺装工程中应用。

3 适用范围

适用于园林工程各种园路、市政广场、庭院等地的花街铺地施工,以及亭台等地铺工程。

4 工艺原理

以瓦片、筒瓦、缸片等陶制物为基础材料,进行精细定位切割,制作边框和填充材料;配制满足不同需要的打底砂灰、护浆、浇浆;各种具有不同凝结固化、抗冻等性能的干浆和湿浆交替使用,固定凝结卵石等材料;精选卵石,按照数字化定位进行摆放(卵石水平高于望砖5~8 mm);数字化施工(干粉平面与望砖平面持平或略低于望砖平面1~2 mm)。

5 施工工艺流程及操作要点

5.1 施工工艺流程

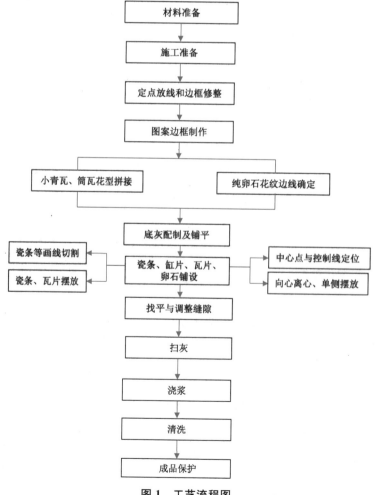

图1 工艺流程图

5.2 操作要点

5.2.1 材料准备

将各种材料按规格、型号、色泽等指标严格验收，接收符合要求的材料，并分类按需存放妥当。主要材料有望砖、筒瓦、瓦片、缸片、瓷条、卵石(雨花石)。

(1)卵石挑选

根据铺地要求挑选卵石，规格基本一致，形状扁球形最佳，厚度1~2 cm，粒径2.5~4 cm，色泽基本一致，无杂色等。上表面形状与厚度是挑选的主要依据。

表1 不同铺地类别对应的卵石要求 单位:cm

类别	色泽	形状(上表面)	厚度	粒径(纵向)
纯卵石大面铺地	黑色(纯)	长椭圆形长径4~5	1.0~1.5	3~4
	白色(纯)	长椭圆形长径3~4	1.0~2.0	3~4
花型铺地 (栀子花、海棠花、梅花)	黑色(纯)	椭圆形长径1~2	1.0~1.5	2.5~3
	黄色(纯)	椭圆形长径1~2	1.0~1.5	2.5~3

(2)望砖、筒瓦、小青瓦

望砖50 cm×5 cm×1.5 cm石材；筒瓦，高5 cm，厚1 cm，半圆弧形；小青瓦，高5 cm，厚0.5 cm。筒瓦:海棠花、梅花花型用。小青瓦:栀子花型、飘带、古钱币等用。望砖:冰裂纹用。

(3)材料加工

栀子花型，小青瓦切割，在小青瓦两端切割两刀，两刀上下等距，分别从瓦片两长侧起刀斜切，切割后两片瓦片上口相互吻合。若能工厂预制加工最好。

5.2.2 花街铺地前施工准备

(1)场地清理干净，周围拉警戒线，避免无关人员进入。材料、机械工具到位。

(2)素土夯实及基础浇筑完成。

(3)卵石精选完成。

5.2.3 定点放线和边框修整合

(1)测量放线。定标高位点，拉控制线，定主要排水坡度。

(2)铺底灰。湿润砂灰(1:3)铺底，上表面高度距离控制线3 cm左右。

(3)排放小青瓦。双层小青瓦重叠，沿着控制线S形排放。小青瓦之间紧密对接。先试放，位置确定后，轻轻敲击小青瓦上侧，小青瓦插入砂灰2 cm左右。确定后将小青瓦底部两侧砂灰压实。

(4)校准边框水平。用水平尺校准边框水平。

(5)底灰浇浆。底灰粗略整修抹平，然后用素水泥浆(1:2)浇底灰，浇浆时缓慢浇灌，避免泥浆外流。

(6)成型保护。收浆成型，拉警戒线或设其他保护装置。

5.2.4　花街图案边框制作

(1)测量定点放线。确定标高基准点、控制线位置点位。中心控制线的交叉点为中心点位。依次每个30 cm拉纵向线和横向线,拉线完成后,再次校正点位和距离。

(2)堆铺砂灰。以十字交叉线为基准点,在其下方虚铺湿润砂灰(1∶3),厚度为上表面低于控制线3 cm左右。

(3)不同类型花纹施工(栀子—海棠、梅花冰裂纹等):

①安置小青瓦(栀子花瓣)。小青瓦一端与十字交叉点对齐,另一端贴靠控制线,敲击小青瓦上边缘,小青瓦下侧入砂灰2 cm左右,以小青瓦上边缘贴靠控制线为准。压紧周围砂灰固定瓦片。

②安放筒瓦(海棠花)。筒瓦外侧面中间对准栀子花瓣尖,位置无误后敲击下压,使插入砂灰,高度与小青瓦齐平。依次进行其余3片筒瓦的安放。

③梅花冰裂纹边框。先用筒瓦拼接梅花外形,再用石条拼接冰裂纹。试放石条,确定长短之后画线标记,然后切割。每个梅花瓣尖正对一个冰裂纹的石条,石条高度与梅花筒瓦高度齐平(水平尺找平)。

(4)浇浆与清扫。花型边框完成后,整理、拍打基部砂灰,并及时浇浆。3～5 min后清水清洗小青瓦、筒瓦表面水泥浆。

(5)清扫砂浆完工后及时保护。浇浆后,及时用毛刷蘸水清洗筒瓦、小青瓦、望砖等表面水泥浆。完工后拉线保护。

5.2.5　缸片、瓦片、瓷条铺设

(1)基层砂灰虚铺。填充干砂灰(1∶3),厚度与图案边框齐平,毛刷找平。

(2)瓦片、瓷条、缸片切割。将整块瓦片、缸片等距切割成厚度1 cm左右的铺装条。铺装条放置在图案框架上,画线标记切割位置。切割后铺装条左右两端与框架之间缝隙控制在1 mm,必要时将切口打磨。

(3)铺装条(瓦片、瓷条等)放置。切割后将铺装条试放在砂灰上,观测前后左右缝隙(各片材之间缝隙差距不大于1 mm)。确认无误后,轻轻敲击上侧,使得铺装条入灰,深度控制在以铺装条高于边框5 mm为准(图2)。

图2　瓷条画线切割

（4）敲击压实。用石块、方木或厚 1 cm 以上木板作为垫物，轻轻敲击方木，使瓦片或瓷条上表面水平。

（5）扫灰。撒干灰到瓷条或瓦条表面，用毛刷等扫灰，使灰层面基本一致，清除多余砂灰。

（6）喷水。用喷雾器细雾喷湿水泥灰。

（7）浇浆。将 1∶1 水泥浆均匀浇到瓷条表面（图 3）。

图 3　瓷条表面浇浆

（8）扫浆。及时用毛刷刷浆到缝隙中。扫浆后，在水泥浆初凝前，用海绵清洗瓷条表面。

（9）保护。完工后严禁踩踏，并在养护期内保湿保温养护。

5.2.6　卵石铺地

卵石铺地有两种形式，一种为无框架纯卵石铺地，另一种为有框架卵石铺地。两种铺地对卵石选择不同，其余施工工序及工艺相似。

（1）干灰铺底。虚铺干砂灰，并用扫帚或毛刷扫平，高度与边框齐平。

（2）控制线摆放：

①无框架纯卵石铺地。大面有图案花纹时，在砂灰上放置图案模纹板（或手绘等），画出图案边框痕迹。大面无图案花纹时，画出不同色彩卵石分割弧线。

②有框架卵石铺地（望砖、筒瓦等）。在砂灰上画控制线。根据边框形状和大小画控制线，此线条是确定卵石排列方向、卵石机理和缝隙的依据。

（3）卵石摆放：

①无框架纯卵石铺地。卵石沿着控制线两侧摆放，单排摆放卵石，卵石大小一致，色泽一致。形状基本为上表面长椭圆形，长径 3～4 cm，短径 1～1.5 cm，粒径 3～4 cm。

②有框架卵石铺地（冰裂纹、海棠花、梅花等）。冰裂纹卵石铺地，首先沿着控制线摆放挑选合格的卵石（卵石形状为近圆形，上表面露出砂灰部分形状为长椭圆形，长径 2 cm

左右,短径 1 cm 左右,粒径 3 cm 左右,如图 4 所示。

图 4　卵石铺地

③海棠花、梅花图案卵石铺地。根据图案要求,可以离心式铺设,也可向心式铺设。一般先铺设控制点卵石作为参照点,然后铺设轴线或花纹边线的卵石,再铺设其余部位的卵石。铺设时,要求各个图案的纹理一致,卵石前后左右距离一致。前后卵石间距 0.5 cm 左右,卵石入灰深度以卵石顶面高于砂灰 1 cm 为准。

(4)调整缝隙。一个单元卵石摆放完成后,观察缝隙大小,并调整缝隙,使得缝隙大小基本一致。

(5)卵石压平。用石块、方木或厚 1 cm 以上木板作为垫物,击打方木使卵石上表面水平,并高于望砖、筒瓦等边框 3~5 mm(图 5)。

图 5　卵石压平

(6)扫灰。撒干灰到卵石表面,用毛刷等扫灰,使灰层面基本一致,灰层面低于望砖、筒瓦等边框 3 mm,清除多余砂灰。

(7)喷洒清水。用花洒或喷雾器细雾喷洒,均匀喷洒清水至灰层表面湿润。

(8)浇浆或刷浆。用 1∶1 水泥浆,缓慢浇浆,浇浆完成后,用毛刷及时刷浆,主要刷去卵石表面水泥浆(图 6)。

图 6　毛刷刷浆

(9)清洗。用湿润的海绵清刷卵石表面残余水泥浆,至卵石表面干净,海绵清刷过程中及时用清水清洗海绵(图 7)。

图 7　清洗表面

(10)成品保护措施。成品完成后及时拉线保护,严禁踩踏等。水泥终凝后,强度达到 75%以上时,覆盖软物,其上垫放跳板方可行走。

6 材料与设备

6.1 材料

表2 主要材料一览表

序号	材料	规格型号	单位	数量	用途
1	细线		根	若干	图案放线
2	墨斗		个	5	画线
3	木工用红蓝铅笔		根	20	画线
4	瓦片	2 cm厚	片	若干	填充材料、边框
5	筒瓦	2 cm厚	片	若干	填充材料、边框
6	缸片	2 cm厚	片	若干	填充材料、边框
7	钢卷尺	5 m	把	10	测距
8	木尺	1 m	把	20	测量
9	木条	3 m	米	若干	制作边框
10	游标卡尺	0.02~150 mm	把	20	测距
11	圆头锤/橡皮锤	1.5LB/大号	把	20	击打整平铺装面
12	水泥	P·O 42.5	吨	若干	配制砂浆
13	铁抹子	长方形	把	20	浆粉找平
14	黄沙	中型	吨	若干	配制砂浆
15	洒水壶	5 L	个	10	配制砂浆
16	海绵	50 g/m³	m³	100	清洗
17	毛刷	5寸	把	若干	清洗
18	卵石	3~5 cm	吨	若干	装饰

6.2 采用的机具设备

表3 设备一览表

序号	设备名称	设备型号	单位	数量	用途
1	石材切割机	MT410	台	10	切割瓦片等
2	水平尺	BX2-S38M	把	10	找平

7 质量控制

7.1 工程质量控制标准

《建筑装饰装修工程质量验收标准》(GB 50210—2018)

《砌体结构工程施工质量验收规范》(GB 50203—2016)

《园路和园林铺装工程施工和验收规范》(DBJ 440100/T 86—2010)

《城镇道路工程施工与质量验收规范》(CJJ 1—2008)

7.2 关键工序质量检验及保证措施

选材时,卵石色泽一致,大小基本一致,使用网眼不同的钢丝网筛选。瓦片、筒片及缸片等边框材料选取色泽一致的材料。

边框材料切割时,根据设计图纸中的边框大小,按比例在材料上画线做标记,定点画线确定切割的大小。

卵石入灰 3~4 cm,浇浆凝固后,卵石表面与边框高度一致,误差 2 mm 内。卵石前后左右缝隙一致,3~5 mm。卵石铺地纹理流畅。

底浆及护浆等按不同的需要配制,配制比例要精确,本工法中干粉水泥砂浆的比例为水泥:黄沙=1:3,浇浆都是素水泥浆,比例为 1:1。同时,可以根据施工现场的实际情况添加必要的引气剂、抗冻剂等,添加的量因种类不同而异,添加前必须进行试验,获取准确的数据和预期的试验结果后才可以投入使用。

素土夯实的夯实系数≥95%。碎石垫层厚度为 10 cm(一般 3~5 cm)。卵石安放后铺撒干粉,干粉平面与望砖平面持平,清水湿润后灰层低于望砖等边框 2 mm。

8 安全措施

8.1 卵石铺地施工中,切割瓦片、筒片等边框材料时,按照切割机操作规程进行,操作的工人须进行上岗前技术培训,培训合格方可上岗操作。

8.2 工作现场按符合防火、防风、防雷、防洪、防触电等安全规定及安全施工要求进行布置,并完善布置各种安全标识。

8.3 各类房屋、库房、料场等的消防安全距离要符合公安部门的规定,室内不堆放易燃品;严格做到不在木工加工场、料库等处吸烟;随时清除现场的易燃杂物;不在有火种的场所或其附近堆放生产物资。

8.4 工作时认真对待,不得在工作场所嬉笑打闹。

8.5 工作现场的临时用电严格按照《施工现场临时用电安全技术规范》的有关规定执行。

8.6 工作现场使用的手持照明灯使用 36 V 的安全电压。

8.7 室内配电柜、配电箱前要有绝缘垫,并安装漏电保护装置。

8.8 建立完善的施工安全保证体系,加强施工作业中的安全检查,确保作业标准化、规范化。

9 环保措施

9.1 成立对应的施工环境卫生管理机构,在工程施工过程中严格遵守国家和地方政府下发的有关环境保护的法律、法规和规章,加强对生产垃圾的控制和治理,遵守有关防火及废弃物处理的规章制度。

9.2 将施工场地和作业限制在工程建设允许的范围内,合理布置、规范围挡,做到标牌清楚、齐全,各种标识醒目,施工场地整洁文明。

9.3 对施工中可能影响到的各种公共设施制定可靠的防止损坏和移位的措施,加强实施中的监测、应对和验证。同时,将相关方案和要求向全体施工人员详细交底。

9.4 设置专用排水沟,认真做好无害化处理,从根本上防止废水乱流。

9.5 定期清运生产垃圾,严禁随意抛撒。

9.6 合理安排作业时间,将材料切割等噪声较大的工序安排在白天进行,减少噪声扰民。切割时向切割材料及时喷雾,以防灰尘弥漫。

9.7 施工过程中要及时对施工作业面产生的垃圾进行清理,防止垃圾积累产生扬尘。将垃圾收集到一起,集中装入容器内,运到指定地点,集中处置。

10 效益分析

10.1 本工法的实施以废弃的陶瓷制品作为边框材料,不仅可以降低施工成本,而且实现了陶制品废弃物再利用,达到美化环境的目的。另外,陶制品的横切面透气透水,有利于雨水等的回收利用。因此,经济效益和环境效益明显。

10.2 本工法与同类工法相比,选材标准化,边框、图案拼接标准化,切割、定位、收浆等工序节点数字化,施工流程简单化,从而实现了铺地工程质量精品化。本工法技术指标精确,操作简单易学,产品精美,因此具有较好的社会效益和经济效益。

10.3 园路、广场等地的铺地装饰可应用本工法进行预制,成品后运送至施工现场进行拼装,可节约工期,提高质量。

10.4 花街铺地是我国的传统工艺,不仅是对传统工艺的继承和发扬,铺地构成的图案更是充满教育意义,是对美学知识的普及。

11 应用实例

11.1 在浙江省杭州市四季酒店项目中式庭院中采用本花街铺地工法,精选卵石,选取大小、形状、色泽、质地等较为一致的卵石保证了铺地图案的精美,利用瓦片、筒瓦、缸片陶制物为基础材料进行精细定位切割,制作边框和填充材料,提高了工程质量。

11.2 在江苏省无锡市中萃项目中采用本花街铺地工法,选用色泽一致,大小相近的卵石,使用网眼不同的钢丝网筛选,提高提高作效率,辅以瓷条、瓦片、望砖等材料混成各种花纹铺地,将传统文化融入日常地面装饰,美观适用,获得了业主的好评。

案例四

梯级多段潜流人工湿地处理池施工工法

江苏山水环境建设集团股份有限公司

1 前言

随着国内经济的不断发展,城市化进程加快,污水排放量不断增加,我国湖泊水体的富营养化状况问题严重。为解决上述问题,提出了水体修复技术——"人工湿地",并加以应用。其中人工湿地根据水流特性分为表面流和潜流,潜流又分为水平流和垂直流。表面流湿地系统建设成本较低,运行简单。水平流或垂直流人工湿地相对于表面流人工湿地净化效果好,但是控制与运行相对复杂,系统内的氧气有限,对氮、磷的去除效果不是很理想。如何提升修复效果、提高去污效率以及降低建设成本、优化净化效果这些问题,是人工湿地一项新的课题。

江苏山水环境建设集团股份有限公司在承建的镇江市象山圩区一夜河水系整治、镇江虹桥港上游改造及河道水质提升等工程中,结合传统单一垂直流湿地结构,并发挥现代工艺和材料的优势,经过不断地研究试验,探索出一套适用于污水处理的梯级多段潜流人工湿地处理池施工工艺,并申请发明专利(专利受理号:210921218835.9)。该技术在解决传统湿地结构的缺陷并进行复合创新改造方面具有重要的意义,在实施过程中取得了明显的技术、经济和社会效益。为了推广该工艺,特编制此工法。

2 工法特点

2.1 工艺清晰、施工简便

突破传统单一湿地类型,采用下行垂直流和上行垂直流相互组合,并且设计三段湿地处理池为梯级以形成水位差的工艺,扬长避短,将多种潜流类型与高度差及多种水力流动方式复合为一体。

2.2 水质处理效果好

梯级多段潜流具有独特的多流向复合水流方式,使湿地沿程形成好氧、缺氧、厌氧的多功能区,能极大地提高处理效果(见图1)。

2.3 施工成本低

梯级多段潜流人工湿地处理池与传统的单一湿地相比,具有成本低、维护与运行简单、环境卫生、出水水质好等优点,适于处理工业污染、景观水体、饮用水源和暴雨径流等污水。

3 适用范围

本工法可作为城市河道整治、黑臭水体修复等各类梯级多段垂直流、水平流、表面流或者混合流等人工湿地的施工参考。

4 工艺原理

梯级多段潜流人工湿地处理池包含两个下行流和一个上行流处理单元,设计三个处理单元形成梯级,最高水位依次有 0.5 m 的高度差,污水在这个系统中无须动力,只依靠池中的梯级水位差即可推动水流前进(见图 1)。

污水首先经过第一下行流处理池向下流动并穿过填料层,在底部汇集后水平流入第二上行流处理池,在池中污水上行流过填料层,通过溢流进入第三下行流处理池,向下流动并穿过填料层,在底部通过排水管汇集后排入河道。

此工艺给水均匀,水流不易短路,复氧条件好,能有效去除污水中的悬浮物、有机污染物。同时水生植物根系对氮、磷去除效果较稳定。

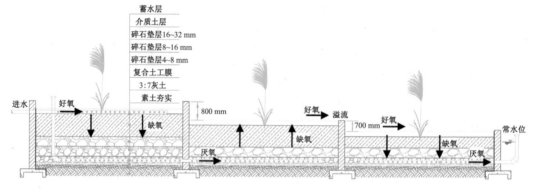

图 1 人工湿地处理池断面图

5 施工工艺流程及操作要点

5.1 施工工艺流程(见图 2)

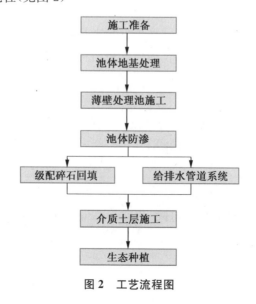

图 2 工艺流程图

5.2　操作要点

5.2.1　施工准备

地基开挖前,根据测量数据绘制出详细的开挖图并标明尺寸、坡度。同时淤泥、泥炭、腐殖土、浮土等均要根据设计要求进行清除或处理(见图3)。

图3　河道清淤

5.2.2　池体地基处理

(1)基底清理

由机械开挖至平均标高后,再人工配合清理到设计标高。在开挖的过程中随时注意测量标高,防止超挖,同时也不允许欠挖,挖出的碴石随挖随运走。开挖完成后进行基底的清理,清除浮渣杂物(见图4)。

图4　基底清理

（2）灰土铺设

清基后应进行素土夯实，夯实标准为基底以下 500 mm 深度范围内压实系数大于93％。而后铺设 100 mm 厚 3：7 灰土（见图 5），灰土采用机械拌和，人工摊铺，分层压实。完工后及时进行成品保护，表面临时覆盖，避免日晒雨淋。

图 5　灰土铺设

5.2.3　薄壁处理池施工

（1）池壁基础施工

根据图纸放出池壁基础开挖边线，开挖不得扰动基底原状土，并按道路击实标准夯实。同时应按施工方案留置工作宽度和边坡系数，确保边坡稳定防止塌方。

（2）处理池壁施工

池体采用 C25 混凝土，钢筋采用 HRB335。基础保护层厚度 40 mm，其他部位30 mm。施工缝应高于扩大基础顶面以上 0.2 m。浇筑时对结构密集部位应加密振捣，以防空鼓不实（见图 6）。

图 6　处理池壁施工

（3）湿地分隔墙施工

处理池湿地分隔墙采用砖砌分隔并预留排水管道孔（见图7），从第一处理池至第三处理池共4段，第1、2段高度为2.5 m，第3段高度为1.7 m，第4段高度为1 m。砌筑使用M7.5水泥砂浆砌MU10砖，墙基接触面用M15混凝土稳固。封堵孔洞、抹面均采用1∶2防水水泥砂浆。

图7 处理池砖砌挡墙施工

5.2.4 池体防渗

（1）防渗膜铺设

本工程选用复合土工膜SN2/PE－16－400－0.6，幅宽6 m，分底面、池壁铺设两个部分。先沿底面轴线方向水平滚铺。在地基验收合格后，池壁铺设从单元的一端向另一端滚铺，与底面的复合土工膜连接采用丁字形连接。为防止应力集中，铺设采用波浪形松弛方式，富余度约为5%，摊开后及时拉平（见图8）。

图8 池底复合土工膜铺设

（2）防渗膜焊接

本项目采用土工膜专用的 FUSION3C 型焊机进行热熔焊法施工（见图 9）。第一幅土工膜铺好后，将需焊接的边翻叠（约 60 cm 宽），第二幅反向铺在第一幅膜上，调整两幅膜焊接边缘走向，使之搭接 10 cm。

图 9　复合土工膜热熔焊接

5.2.5　给排水管道系统

（1）管道开孔

处理池内部为给水、排水管道，属重力流管道，主要交叉铺设在湿地填料过程中，选用低压给水 PVC 管。安装前需根据图纸在管道上分别均匀钻孔径 0.6 cm 的圆孔，孔距为 5 cm。其中给水管道开孔为管道水平线两侧均匀分布，排水管道开孔要与中心线上部方向成 45°夹角（见图 10）。

图 10　管道开孔

（2）给水管道安装

介质土表层铺设 DN100 给水管均匀布水，管道周边用填料设置盲沟，以增强给水效果。安装前需在管端设置堵口，以免填料滑入堵塞管道（见图 11）。

图 11　给水管道

（3）排水管道安装

排水管连通上下行单元，间隔 2.25 m，坡度为 1‰。在第一处理池安装竖向通气管露出介质土，兼顾清扫口功能。其高度应符合设计要求，在管道安装完成后及时将通气帽安装上，避免施工过程中杂物进入（见图 12）。

图 12　排水管道

（4）管道连接

管道连接采用 PVC 专用黏合剂，连接时接头内部与管端部用酒精或干布擦拭干净，而后均匀涂抹适量黏合剂,待溶剂挥发(约 5 s)胶着性增强时,用力插入旋转,使黏合剂分布均匀并保持约30 s后方可移动,3 h后即可通水。

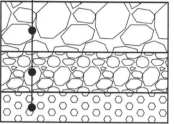

碎石垫层500 mm(φ16~32 mm)
碎石垫层400 mm(φ8~16 mm)
碎石垫层300 mm(φ4~8 mm)

5.2.6 级配碎石回填

碎石填料共三层,粒径分别为 φ4~8 mm、φ8~16 mm、φ16~32 mm。碎石填料施工前,先将防渗材料上部覆盖 20 mm 细砂保护层,第一层碎石施工时最大落差不得大于 30 cm,以防止碎石在膜上滚动损坏防渗材料。下层碎石填料铺设排水管道时,管道底要高于第一层碎石底部 50 mm。(见图 13、图 14)

图 13 碎石填料粒径层高

图 14 碎石填料

5.2.7 介质土层施工

(1)透水无纺布铺设

碎石填料上铺设一层无纺布主要是为了防止介质土湿陷于碎石中。采用人工摊铺,铺设时要保持一定的松紧度,防止产生过大变形,保证铺设平顺,搭接形式为上幅压下幅,搭接长度不小于 50 cm。

(2)介质土性能

介质土是椰糠骨料、活性氧化铝、河沙、火山沙按 2∶1∶7∶2 的比例混合而成的。所用椰糠是椰子外壳加工成的天然纤维粉末。介质土成本低,对环境无不良影响,可适应多种植物的生长需要。同时团粒结构稳定,具有良好的保湿能力,并且对污染物也有相当的去除能力,可达饱和水最小传导率为 250 cm/h、总悬浮固体(TSS)去除率≤20 mg/L、总磷(TP)去除率≤0.1 mg/L 的设计要求。

(3)介质土层施工

介质土铺设厚度为 800 mm,填料由外围向内施工,材料由机械运输到位,长臂单斗挖掘机配合人工进行均匀铺设。回填表面应平整,铺设完成后应在设计技术人员的指导下试水浸泡,并将湿陷部分补足(见图15)。

图 15　介质土回填平整

5.2.8　生态种植

(1)制定种植专项方案

根据植物材料的生态学特性,以及合同要求的植物种类和比例,在熟悉各类植物栽植的技术特点和技术要求后,制订严谨科学的施工专项方案,确保竣工后植物能旺盛生长,以获得优良的生态环境景观。

(2)植物种植

种植前根据湿地情况采用白灰洒线分块,均匀分布。栽植根苗行距约为 20 m,栽植的深度应保持主芽接近泥面,同时灌水 1~3 cm。裸根苗必须当天种植。起苗开始暴露时间不宜超过 8 h,当日不能种植时,根部应喷水(见图 16)。

图 16　湿地内种植效果

（3）植物特性

本工法选配的美人蕉和黄菖蒲均为湿生植物种,其中美人蕉为多年生根茎类草本植物,喜温暖湿润。黄菖蒲耐寒耐旱,喜日照充足、空气流通、排水良好避风的环境。这两种植物在高浓度污水中生长快,可以大量吸收氮、磷。同时根系附件形成根际微生态系统,会加速污染物降解、固结等理化反应的发生。

（4）养护管理

严格按照养护方案安排日常养护管理工作。修剪整形,清理枯枝。防止人或牲畜破坏,入冬前做好各项防冻保护措施。

6 材料与设备

6.1 主要材料

商品混凝土、钢筋、湿地填料、介质土、防水土工布、透水无纺布、PVC 管、PVC 专用胶水、美人蕉、黄菖蒲等。

6.2 测量仪器

全站仪、经纬仪、水准仪、卷尺、水平尺等。

6.3 机具设备

挖掘机、推土机、装载机、打夯机、钢筋切断机、振动棒、清水泵等。

投入施工的机具设备需要经过检验合格方可使用,主要设备见表1。

表 1　主要设备一览表

序号	机具名称	型号及规格	单位	数量
1	挖掘机	徐工 XE270E	台	1
2	推土机	徐工 TY230	台	1
3	装载机	LW500KV—LNG	台	1
4	打夯机	110 型—380 V	台	2
5	钢筋切断机	GJ5—40	台	1
6	焊机	FUSION3C	台	2
7	振动棒	220 V 手提式	台	3
8	清水泵	WFB 自吸	台	1

7 质量控制

7.1 施工验收标准

(1)《给水排水管道工程施工及验收规范》(GB 50268—2008);

(2)《给水排水构筑物工程施工及验收规范》(GB 50141—2008);

(3)《建筑工程施工质量验收统一标准》(GB 50300—2013)。

7.2　一般规定

(1)施工前,编制施工方案,明确施工质量负责人和施工安全负责人;

(2)施工中,应做好地埋工程防水、防渗工程的质量验收;

(3)人工湿地竣工验收后,建设单位应将有关设计、施工和验收文件归档;

(4)工程竣工验收后,应向运行管理单位提供运行维护详细说明书。

7.3　主控项目

(1)建立质量管理体系,并应对施工全过程进行质量控制。

(2)人工湿地地下构筑物施工时应满足以下规定:

①人工湿地地基应具有一定的稳定性。如基础所在的部位原土为有机土壤或高黏土含量的土壤时,应将土清除,回填坚实基础材料,用小型夯机夯实,压实系数应符合设计要求。

②人工湿地池壁采用混凝土结构、砖砌结构或土工布结构时,其施工均应满足《给排水构筑物工程施工及验收规范》等相关技术规范要求(见图17)。

③人工湿地填料须保持良好级配,干净且无泥土残渣,过滤性和透水性良好。填料可以由挖掘斗卸入场地,然后须完全采用人工施工,不能压实。若铺设的填料不满足质量要求,则必须返工。

(3)植物种植不可太密,种植时间宜选择春季。植物种植初期,须定期对其进行养护,以确保植物成活率。植物根系必须小心植入填料表层,以防扰动。施工时,人工湿地床体表面铺设行走木板,保证植物成活。

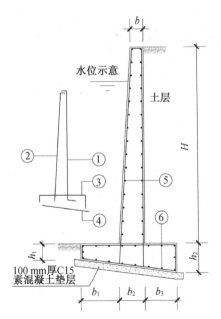

给水口池壁

尺寸(mm)		配筋	
b	200	①	φ22@100
b_1	800	②	φ10@200
b_2	400	③	φ22@100
b_3	500	④	φ14@150
H	3 000	⑤	φ10@200
h_1	400	⑥	φ10@200
h_2	700		

排水口池壁

尺寸(mm)		配筋	
b	200	①	φ22@100
b_1	500	②	φ22@200
b_2	300	③	φ22@100
b_3	500	④	φ14@150
H	2 200	⑤	φ10@200
h_1	300	⑥	φ10@200
h_2	600		

图 17　池壁结构配筋图

(4)人工湿地应做好地下防渗工作,确保底板、侧壁及其连接处不渗漏。

(5)排水管道坡度应符合设计要求,严防出现倒坡。接口严实,无渗漏。承插口管安装时应将插口顺水流方向,承口逆水流方向由下游向上游依次安装。

(6)人工湿地污水处理工程在交工验收前,建设单位应组织试运行。试运行期为一年,施工单位应在试运行期内对工程质量承担保修责任。试运行合格后,建设单位组织竣工验收。

8 安全措施

(1)根据公司安全管理制度及安全操作规定,制定切实可行的现场安全制度。

(2)成立以项目经理为组长、各部门和各工种负责人为成员的项目安全管理小组,配齐专职安全员,佩戴标志上岗值班,确保制定的安全制度得到落实。

(3)安全领导小组要定期组织检查,各级安全员要经常检查,及时发现问题,及时纠正问题,把事故消除在萌芽状态。

(4)针对本工程作业的特点,把施工用电、基坑作业作为安全隐患控制点,加强预防,加强事前监控力度。严禁各种违章指挥和违章作业行为的发生。

(5)建立安全生产经济承包责任制,对安全隐患进行检查后做及时处理,并做到奖罚兑现,用经济手段保障安全。

(6)认真做好防火、防盗、交通安全工作,严禁各类事故发生,保证施工的顺利进行。

(7)安全教育要经常化、制度化,对所有参与施工的人员进行安全上岗培训,开工前进行系统安全教育,开工后抓好"三工教育",还要通过安全竞赛、标语、图片等形式教育工人注意施工安全。对施工人员进行交通安全、生产安全、用电安全等专项教育,避免事故的发生。

(8)施工区搭设标准围护栏,设立安全标志,专人值勤,保证施工区安全。

9 环保措施

9.1 道路环保

(1)为了减少施工作业产生的灰尘,在施工过程中,我方将配备两台洒水车,定时向路面洒水,定期修整、清洁路面,减少并防止尘土飞扬。

(2)所有出入施工现场和施工道路的车辆、机械,在冲洗后才能驶入公共道路。

(3)对传送、运输、转移过程中产生多尘的物料均应采用封闭的车辆进行运输。

(4)多尘物料应用盖布遮住,减少因风或其他原因引起的粉尘。对经常取料的物料应洒水降尘。

9.2 河水环保

(1)制定切实可行的废水处理、排放措施,防止施工废水和生活污水污染周围土地,并在所有建筑物及设施周围设污废水排放系统。

(2)施工中严禁向河中倾倒垃圾、杂物、废油等。

10 效益分析

10.1 经济效益

本工法采用梯级潜流技术施工,减少了运行管理费用,同时通过阶梯复合的创新增强了处理效果和去污效率。梯级多段潜流人工湿地处理池与传统同规模潜流人工湿地污水处理经济效益对比如表 2 所示,经济效益计算采用日最高污水处理量×污水回收利用率×年运行时间×回用水价格,年运行时间采用全年天数－去年维护时间,回用水价格采用 0.3 元/t。

表 2 梯级多段潜流人工湿地处理池与传统同规模潜流人工湿地污水处理经济效益对比

	梯级多段潜流人工湿地处理池	传统同规模潜流人工湿地污水处理
日最高污水处理量	10 000 m³/d	7 000 m³/d
污水回收利用率	60%	40%
月平均维护时间	3 天	9 天
经济效益	592 200 元	215 880 元

本工法采用梯级潜流技术施工,减少了 65% 的维护时间,提高了去污能力,同时通过阶梯复合的创新增强了 40% 处理量和 20% 回收效率,同规模下相比传统模式经济效益显著。

10.2 环保效益

在材料选择方面,大量运用天然椰糠介质土替代普通土壤,既有利于水生植物的生长,也处理了大量废弃椰壳,同时加工过程无污染,科学环保。

10.3 社会效益

本工法能够既快又好以及环保地进行湿地的施工,符合市场的需求,同时为复合湿地施工探索出一条新路,提高了复合湿地的使用周期,减少了维修频次,有利于施工企业技术水平和竞争实力的增强,是一项值得推广的施工工法。

11 应用实例

11.1 镇江市象山圩区一夜河水系整治工程

本工程位于镇江市禹山路以北,象山花园片区。河道总长 4.9 km,由西向东汇入长江。本工程所治理河道范围西起禹象路、北至老江堤,总长约 2.4 km。采用人工湿地技术对河道两岸的污水和初期雨水进行综合治理,每天需处理水量 7 000～10 000 m³(见图 18)。

由于河道污水中氮、磷含量过高,经过技术磋商,决定在工程中运用我司研发的梯级多段潜流人工湿地处理池施工工法进行人工湿地施工。由于弃用传统的单一类型湿地,因而大大改善了去污效率和处理效果,获得了业主和监理的一致好评,经济效益、生态效益和社会效益显著。

图18 一夜河人工湿地

11.2 镇江虹桥港上游改造及河道水质提升工程

本工程位于镇江市京口区禹山路南、小米山路东、宗泽路北、焦山路以西区域内。主体工程为8个湿地池,其中3个一级池,5个二级池,湿地面积4 000 m²(见图19)。

图19 虹桥港人工湿地

虹桥港河道水质提升工程质量要求高,工期紧,是镇江市海绵城市改造的亮点之一。我公司组织了有关工程技术人员和施工管理人员,结合我公司的施工经验,针对当地河道结构特征,在工程施工中运用我司研发的梯级多段潜流人工湿地处理池施工工法,弃用传统的单一类型湿地,既大大改善了施工作业环境、加快了施工进度,又降低了成本,生态环保。最终按期优质地完成了该项施工任务,获得了业主和监理的一致认可,经济效益、社会效益和环保效益显著。

注:潜流人工湿地面积 As 计算公式:

$$As=Q\times(\ln Co-\ln Ce)/Kt\times d\times n$$

式中,As 为湿地面积(m^2);Q 为流量(m^3/d);Co 为进水 BOD(mg/L);Ce 为出水 BOD(mg/L);d 为介质床的深度;n 为介质的孔隙度;Kt 为与温度有关的速率常数,其计算公式为:$Kt=1.014\times1.06\times(T-20)$,$T$ 为水体的平均温度。

孔隙度不是常数,需要现场测试确定。具体就是在一个已知容量的容器里面填充石头和水,全部装满以后,再测里面有多少水和多少石头。

注意事项:

在进行设计的时候,需要先拿到设计区域的一些具体参数及相关资料,比如处理水域的水质检测报告、需要达到的排出水质标准、年均温度状况、水文状况、年降雨量资料、周边居民的生活习俗情况、生活规律调查、国内同类工程的应用状况以及处理工艺相关的参数等。

案例五

溢水水景压顶止水钢板防止水分渗漏施工工法

青岛零零一园林绿化工程有限公司

1 前言

景观水景是园林景观中的重要景观元素,往往在景观效果中起着画龙点睛的作用,其重要性不言而喻。近些年来镜面水池、无边界水池等对施工质量要求高的景观水池越来越受到人们的欢迎,当然这些水池的质量同样也引起了人们更多的关注。在众多的水池质量问题中水池渗漏是一个一直以来困扰施工人员的常见问题。水池渗漏一方面浪费水资源,另一方面也增加了管理成本,并且使景观效果大打折扣。其中有一种水池的渗漏却不好解决,即通过水池压顶石缝隙的渗漏,特别是水池常水位高于压顶石水平缝隙的水池存在这样的问题尤其明显。传统方法是采用防水砂浆,但是其寿命周期不长,功能性较差,并不能从根本上解决问题。所以为消除因水池压顶石安装缝隙所造成的水分渗漏现象,提升景观效果,我们深入研究了该情况下水池渗漏的原因,并有针对性地研发出了在水池压顶石下安装止水钢板的施工方法。通过实施该施工方法消除了水池压顶石缝隙漏水的现象,并在工程实践中取得了一定的成果和效益。为了将水池压顶防渗漏施工技术进一步推广与应用,我公司的工程技术人员结合工程实际,对该施工方法的施工流程进行了深入研究,并形成了池壁混凝土结构开槽、压顶石开槽、预埋止水钢板、安装压顶石、缝隙处理等一系列关键技术,本工法就是在此基础上编写形成的。

2 工法特点

2.1 溢水水池压顶石增设止水钢板阻断池水渗漏的路径,从而起到防止池水渗漏的效果。止水钢板连接部位要求满焊,止水效果好。

2.2 缝隙打胶与止水钢板一起形成双重防护,确保防渗漏效果。

2.3 水池石材缝隙处理严密,防止水分渗入和析出。阻断水分通行路径,也降低了石材泛碱的可能。

3 适用范围

本工法施工工艺适用于溢水景观水池或者常水位高于水池压顶石下边缘的普通景观水池的压顶石安装。

4 工艺原理

4.1 压顶石缝隙渗漏的原因

压顶石缝隙渗漏的原因:压顶石与池壁结构之间的缝隙未被黏结砂浆填充密实,且黏结砂浆防水功能较差,导致水分从压顶石缝隙渗漏出来。

4.2 压顶石增设止水钢板的工艺原理

混凝土池壁与石材压顶之间的缝隙属于防水的薄弱环节,增加止水钢板后水沿着池壁与压顶石之间的缝隙渗透至止水钢板位置便无法再渗透,止水钢板起到了切断水分渗透路径的作用。即使水分沿着止水钢板与混凝土之间的缝隙渗透,止水钢板有一定宽度也延长了水的渗透路径,并且止水钢板安装过程中施打了密封结构胶,更增强了防水效果(见图1、图2)。

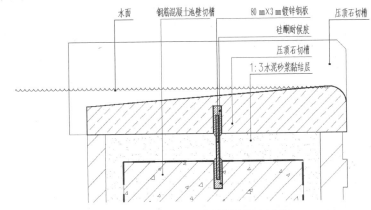

图1 压顶石安装止水钢板剖面示意图

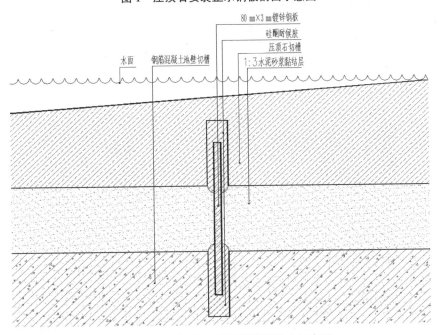

图2 压顶石安装止水钢板局部放大示意图

5　施工工艺流程及操作要点

5.1　施工工艺流程

施工工艺流程如下：施工前准备→混凝土池壁顶部切缝及吹扫→水池压顶石预切缝槽→池壁及压顶石缝槽打胶→安装止水钢板→压顶石安装→压顶石间缝隙打胶

5.2　操作要点

5.2.1　施工前准备

(1)准备材料：根据工程需要准备 80 mm×3 mm 镀锌扁钢，硅酮耐候胶若干。

(2)准备工机具：电焊机、切割机、气泵、胶枪、橡胶锤等。

(3)技术准备：施工前向施工人员做好充分的技术交底，说明施工的技术要点和安全文明施工措施。

5.2.2　混凝土池壁顶部切缝及吹扫

(1)在水池池壁的混凝土结构顶部沿结构中心切割 30 mm 深、5 mm 宽缝隙。

(2)混凝土池壁顶部切缝后及压顶石切缝后，用气泵吹扫缝隙时要确保将缝隙内的尘土及残渣彻底清理干净，保证缝隙内清洁，缝壁干燥、光洁、平整。

(3)用气泵连接好导气管和气嘴后将缝隙吹扫清理干净。若现场没有气泵，也可以采用打气筒进行人工吹扫。

5.2.3　水池压顶石预切缝槽

在水池压顶石材上预先切割 3 cm 深、5 mm 宽缝隙，并用前述方法将缝隙吹扫清理干净。

5.2.4　池壁及压顶石缝槽打胶

在清理干净的缝槽中打硅酮封闭胶。

5.2.5　安装止水钢板

(1)在安装止水钢板前应进行精确计算和放线，确保缝隙切割及止水钢板安装位置准确。

(2)打胶完成后，在缝隙中安装 8 cm 高的止水钢板(见图 3)。

图 3　安装止水钢板

（3）止水钢板连接处应对齐焊接，不要采用搭接形式焊接，以保持钢板的直顺度及压顶石的顺利安装。焊接应严密，焊缝采用满焊的形式。焊接完成后应对焊缝进行打磨，并涂刷防锈漆。

（4）止水钢板应密闭成环，以最大限度地提升止水效果。如遇有高差的情况，应将止水钢板埋入相邻水池等构筑物的结构中，并施打硅酮密封胶，确保止水效果。

5.2.6 压顶石安装

（1）有溢水需求的水池，应首先安装压顶石，确保压顶顶面水平，以达到溢水均匀的效果。压顶安装完成后再铺贴立面石材。

（2）安装压顶石之前，首先在压顶石材的预切缝隙上打硅酮封闭胶，然后辅助水泥砂浆或水泥基商品黏合剂粘贴压顶石材（见图4）。

(a)

(b)

图 4　安装压顶石材

5.2.7 压顶石间缝隙打胶

压顶石材安装过程中，注意在压顶石侧面施打部分硅酮封闭胶，以封闭压顶石之间的缝隙，压顶石安装完成后，统一在石材表面缝隙上施打硅酮封闭胶，美化缝隙的同时进一步封闭缝隙，防止水分渗漏。

6　材料与设备

本工法设计的主要材料是止水钢板（80 mm×3 mm 镀锌扁钢）、硅酮密封胶（图5）。工具是气泵（打气筒）（图6）、电焊机（图7）、手提式切割机、硅胶枪（图8）等。

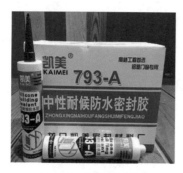

图 5　硅酮密封胶

图 6　气泵

图 7　220 V 电焊机图

图 8　硅胶枪

表 1　水池压顶增设止水钢板工法主要材料设备列表

编号	材料设备名称	型号	规格	用途	用量
1	止水钢板	镀锌扁钢	80 mm× 3 mm	切断水分渗透路径	
2	硅酮密封胶		590 mL	止水钢板安装及压顶 石材缝隙封闭	8.5 m/支
3	水泥基商品黏合剂		25 kg/袋	水池石材粘贴	8~10 kg/m²
4	电焊机		220 V	焊接止水钢板	1 台
5	手提式切割机		220 V	切割钢板、混凝土池壁开槽 及压顶石开槽	2 台
6	硅胶枪			止水钢板安装及压顶 石材缝隙封闭打胶	
7	气泵		220 V	吹扫池壁 及压顶石缝槽	
8	打气筒			吹扫池壁 及压顶石缝槽	

7　质量控制

（1）本工法依据的规范：

《园林绿化工程施工及验收规范》（CJJ 82—2012）。

(2)止水钢板位置放线精确。

(3)混凝土池壁切槽宽度、深度及直顺度符合要求,位置允许偏移±1 mm。

(4)水池压顶石切槽宽度、深度及直顺度符合要求,位置允许偏移±1 mm。

(5)止水钢板焊缝要求满焊,并打磨平整,焊缝须涂刷防锈漆,质量须合格。

(6)池壁顶及压顶石切槽后,用气筒吹扫干净。施打硅酮密封胶时应将槽内打满,并有溢出。

(7)安装止水钢板应位置准确,位置偏移量±1 mm。

(8)压顶石安装应位置精确,顶部平面应水平,缝宽一致。

(9)压顶石安装后缝隙施打硅酮密封胶的深度、宽度应符合要求。

8 安全措施

(1)安全施工管理的方针:安全第一,预防为主。

(2)安全第一是把人身安全放在首位,施工必须保证人身安全,充分体现了"以人为本"的理念。

(3)石材装卸应做好施工方案,对装卸工人及机械驾驶员进行安全技术交底。

(4)检查井口、水池、泵坑等,做好临边防护。

(5)电焊作业属于特种作业,须按照要求办理动火证,操作人员持证上岗。注意用火、用电安全。现场应配备足够数量的灭火器材。

9 环保措施

(1)施工现场未施工区域遮盖防尘网,且应经常洒水湿润,防止扬尘。

(2)采用水泥基商品黏结剂安装压顶石材避免了现场搅拌水泥砂浆所造成的扬尘。

(3)施工完成后产生的垃圾应及时清运出场区。

(4)压顶石安装施工避免在22:00至次日6:00的时段施工,以免造成噪声污染。

(5)施工废水应有组织排放,避免污染河流水体及地下水。

10 效益分析

本工法可以有效提升水池的防水作用,有利于节约水源及能源,同时又达到了良好的景观效果,可提升景观质量,打造宜人的环境,美化城市景观,具有良好的社会效益。

根据工程实际数据测算本工法相关工序费用,本工法相关费用相比传统工法费用有所增加。具体增加费用如下:

石材开槽3元/m,混凝土池壁开槽3元/m,80 mm×3 mm镀锌钢板10元/m,水泥基商品黏结剂14元/m²(相比水泥砂浆增加1元/m²),硅酮密封胶2.4元/m。

总体上来看,本工法增加费用不多,但对水池压顶石缝隙漏水现象有很好的抑制作用,对景观效果提升较为明显,同时避免了后期的维修、管理费用,减少对环境的影响。

从这一点来说投入产出比较高,有较好的经济效益和环保效益。

11 工程实例

11.1 麗山国际4.2期二标段景观工程

11.1.1 工程概况

工程地点位于青岛市即墨区鹤山东路518号。发包单位为青岛宇信置业发展有限公司。工程总面积为19 183 m²,其中硬质景观面积7 706 m²,包括景观水池、人行道铺装、塑胶、透水地坪、沥青道路、停车位等;绿化11 477 m²。

开工时间2017年11月10日,竣工时间2018年5月31日。

11.1.2 施工情况

该工程在景观水池的施工过程中对本工法进行了实践应用,在所有溢水水池的压顶均安装了止水钢板,总计安装止水钢板86 m。

11.1.3 应用效果

项目完成至今,景观水池运行正常,没有出现从压顶石缝隙漏水现象。项目景观效果较好,受到了建设单位及用户的一致好评。具体效果见图9。

(a)

(b)

图9 水池完工效果

11.2　中海知孚里项目售楼处示范区园建绿化分包工程

11.2.1　工程概况

工程地点位于烟台市芝罘区环山路喜乐酒店以南、桑园路以东。发包单位为烟台海创佳兴地产有限公司。工程总面积为 2 460 m²,其中水景总面积为227 m²,水景占项目的9.2%。开工时间2019年6月1日,竣工时间2019年7月1日。

11.2.2　施工情况

该工程在景观水池的施工过程中对本工法进行了实践应用,在所有溢水水池的压顶均安装了止水钢板,总计安装止水钢板22 m。

11.2.3　应用效果

项目完成至今,景观水池运行正常,没有出现从压顶石缝隙漏水现象。项目景观效果较好,受到了建设单位及用户的一致好评。具体效果见图10。

(a)

(b)

图10　水池最终效果

案例六

高大建筑中庭景观施工工法

南京珍珠泉园林建设有限公司

1 前言

现代城市建筑体量越来越大,有些建筑为了增加采光量建有中庭。中庭是整个建筑的观瞻中心,中庭的建筑风格和景观特色影响着整个建筑的内在环境和使用价值。传统的中庭景观要么建设简单,只有一个透光的天窗,只能起到增加内部采光的作用;要么由于施工工艺落后影响其使用功能及景观效果,比如防水处理不好、屋顶绿化种植土不能满足植物需求、软硬景配置不当、景石及树木选型不当等。中庭环境特点以及复杂的施工技术制约了中庭景观建设和后期的维护使用,导致高大建筑的中庭景观建设成功案例较少。

亘古至今人们对大自然怀有特殊的感情,"知者乐水,仁者乐山",崇尚自然、追求自然是中国古典园林的精髓所在。浓缩秀美山川、引入自然山水是建筑中庭景观营造的常用手法。现代中庭空间应向着自然化、生态化及多样情趣化方向发展。如何将美好的画卷变为现实,南京珍珠泉园林建设有限公司依据既有现状,深入研究高大建筑中庭景观营造技术,重点突破水景工程防水、屋顶绿化营养土配制、软硬景配置、景观置石、造型树选择等施工工艺和方法,加强对中庭空间光线与色彩、水景观、山石景观及植物配置等多个层面的控制,营造出了集采光、观赏、游憩、休闲、展示、交流等多种功能为一体的建筑中庭景观,并据此编制了"高大建筑中庭景观施工工法",同时将本工法应用于"江北新区市民中心工程景观绿化工程""雨发生态园四期基础设施建设项目雨发生态园中央公园景观绿化工程"等工程实际,取得了较好的应用效果,给整个建筑增加了一道靓丽的风景线,提升了建筑的档次,增添了建筑的个性化特色,使建筑跃居明星建筑。2019 年 5 月本工法经公司评审成为企业级工法。

2 工法特点

2.1 施工环境的特殊性

建筑中庭景观营造涉及多专业、多工种交叉作业,比如土建、装饰、幕墙、管网、强电、弱电、照明等,不同专业可能分别隶属于不同的单位,需要大量的沟通和协调,需要编制详细的施工方案和施工计划,并随着情况变化进行相应的调整。复杂的施工环境需要严格的安全保障、严谨的工艺技术和作业计划。

2.2　多种工艺技术的结合

中庭园林景观往往包括假山、置石、亭廊、路桥、铺装、小品、装饰、照明、水景、树桩、盆景、花木、草坪等,各种景观元素都有着不同的制作工艺,使得中庭景观显得更加丰富多彩,但这些形态各异的景观元素必须统一于特定的风格和意境之中,展示一种特色文化,并与主体建筑相协调。

2.3　工艺细致,景观效果好

中庭景观一般体量较小,游人身处其中,既看得见,又摸得着,所以一花一草一物都要精雕细琢,爱护有加。不需要体量的宏伟和数量的累积,需要的是选材的讲究、做工的精细和搭配的协调,以创造独特、优雅、靓丽的景观意境。

2.4　技术经济优越

与传统施工工艺相比,该工法施工质量高,使用安全可靠,提高了建筑中庭园林景观的建设水平,改善了建筑的环境质量,提升了建筑物的使用功能和知名度。

3　适用范围

本工法适用于高大建筑的中庭景观营造,也可用于围合建筑群庭院的园林景观建设。不适用于城市公园、交通绿岛、住宅小区、企事业单位等景观工程建设。

4　工艺原理

建设特色鲜明、功能多样、和谐协调的中庭景观需要应用结构防水、轻质营养土配置、软硬景搭配、景观置石、树木造型等多项工艺技术。

有水景的中庭景观,其防水工程施工工艺要求十分严格,需重点控制结构基层整体浇筑、防水材料质量检验、各道工序的衔接施工、节点及缺陷处理、管道四周防水、不同建筑材料接缝处治等。结构防水经验收、试验合格后,方可进入下一道工序施工。

中庭植物种植基质具有较好的保水性和通气透水性、质地疏松、养分全面,pH值以5.5~7.0为宜,腐殖质含量高,团粒结构好,质量轻。为此我们选用了田园土混合珍珠岩、陶粒、蛭石、树皮、锯末、农作物秸秆、畜禽粪便、土壤改良剂等配制植物所需的营养土,解决了植物种植基质问题。配置的营养土单位体积容重较轻,仅为1 100 kg/m³,而普通田园土容重为1 700 kg/m³,局部种植造型树木覆土厚度50~60 cm,种植花卉草坪部位覆土厚度为5~6 cm,可以满足设计文件对营养土的配置要求。

硬景是指园林景观中建筑、铺装、园路、照明等景观元素,如亭台、廊桥、景墙、山石、喷泉、雕塑、灯饰等。软景是指植物的种类、层次、搭配和造型。通常软、硬景施工由多个不同的专业队伍进行,建筑、路桥、铺装持续时间较长,需大面积展开,管线适时穿插,各专业队伍分区域、按时间节点不断推进,置石、雕塑适时进场安装。中庭绿化大苗一般选用树桩、盆景,应在基础施工完成后安置到位。绿化所需的营养土也要在基础完成后摊铺到位。花卉、小苗、草坪在硬景施工完成后进场,一方面起到绿化美化效果,另一方面做好衔接、过渡和收边收口。各专业在施工过程中应积极做好配合工作,做好其他专业的成品保护工作,协作完成各工序工作,以完成一件完整、完美的作品。

中庭景观大多数的建设风格为中国古典园林,在这些作品中假山置石是必不可少的。由于体量的限制,用石量不宜太多,多采用湖石、太湖石,集"瘦、皱、漏、透、奇"于一身,表现山林野趣,重塑自然风情。

中庭绿化的层次变化及植物多样性需求一般通过选择多种多样的造型树木和古树桩景来实现。不同地域植物品种不同,通常选择造型红花继木、造型罗汉松、造型小叶赤楠、造型瓜子黄杨、高山杜鹃、映山红、红梅、中华蚊母、提根枸骨等。这些景观树木或独立成景,或与景石搭配衬托亭廊轩榭,让景观更具自然的生机与活力(见图1、图2)。

图1　造型小叶女贞

图2　造型罗汉松景石衬托水榭

5 施工工艺流程及操作要点

5.1 施工工艺流程

施工工艺流程如图 3 所示。

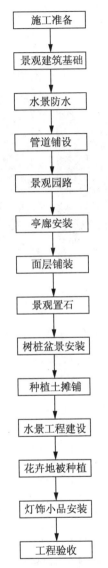

图 3 施工工艺流程图

5.2 操作要点

5.2.1 施工准备

（1）测量复核。园林企业接收建筑物进入施工现场后，应对建筑物平面尺寸、标高进行复测，确认现场与景观图纸是否有偏差，出现偏差时应要求建设单位予以调整或纠偏。

（2）机具准备。应对施工使用的机械设备如汽车起重机、砂浆搅拌机、切割机、翻斗车、电动砂轮等进行检测、调试，根据需要随时进场；一些常用的工具也应准备就绪。

(3)材料进场。砂石、水泥、石材、木料等工程材料经检验合格后,根据需要按批次进场。

(4)技术交底。经批准的施工方案、新技术应用、施工工艺等应层层交底,传达到每个施工班组和个人,并签字确认存档。

(5)实名制管理。建设施工围挡,对参与施工的作业人员及管理人员进行实名制管理,进入施工现场必须佩戴安全帽,非施工人员禁止进入施工现场,如图4、图5所示。

图4　施工现场实名制通道(刷卡进场)　　　图5　施工现场实名制通道(登记进场)

5.2.2　景观建筑基础

亭廊轩榭是景观观瞻的中心,涉及结构安全,其基础建设应按规范和设计要求,精确定位、规范施工。钢筋、钢材应进行检测,配筋、预埋件、模板经验收合格后方可浇筑混凝土。混凝土浇筑的同时应留置试块进行标准养护,严格评定基础施工质量,合格后方可进入下一道工序施工。

5.2.3　水景防水

建筑物内部的水景防水工程特别重要,不仅影响水景的使用,而且影响建筑物的使用。水景防水材料主要有防水卷材、防水膜、防水涂料等。无论哪一种施工方法首先要清理干净下垫层,防水涂料施工应注意转角、边缘、搭接部位涂刷到位,不留死角。防水卷材或防水膜施工应控制好:

(1)铺贴方向。先铺设排水比较集中的部位(如排水天沟等处),按标高由低向高顺序铺贴。顺材料长方向进行铺贴,使材料长向与排水方向垂直,搭接应顺流水方向,不应逆向。

(2)搭接方法。上、下层及相邻两幅材料的搭接接缝应错开。搭接宽度为长、短边均不小于100 mm。

(3)平面与立面交界铺贴方法。应先铺贴平面,然后由下向上铺贴,并使卷材紧贴阴角,不应空鼓。立面墙上防水层应满贴。

(4)阴阳角处理。阴阳角处的基层处理后,先铺一层卷材作为附加层,铺贴时要满粘在基层上,然后再接铺整体材料,如图6所示。

5.2.4　管道铺设

按工序要求做好电力、弱电、给水、排水等管道铺设,各工序搞好配合,保护好其他工种的成品,也给强、弱电后期穿线提供方便。

5.2.5　景观园路

园路工程量较小,但能起到分隔景区、组织游览线路的作用,所以应变化多样,线形流畅,体现园林景观的细致之美。路面材料有面包砖、石材、木材、塑木、透

图 6　水景防水施工

水混凝土等。路面排水通常采用自然式,宜使园路中间建筑略高于两侧,雨水横向流入绿地或水池。

中庭景观园路常采用透水混凝土作为路面材料。施工中应抓好几个控制要点:一是材料选择,骨料采用单级配石子,外观规整、无棱角,针片状颗粒的含量应小于 1%,含泥量不大于 0.5%,压碎值小于 15%,一般采用 PO42.5 以上标号的水泥,其 3 d 抗压强度应大于 27.0 MPa,28 d 抗压强度达到 50.0 MPa 以上。为提高透水混凝土园路的抗折强度,有效改善透水混凝土的后期泛碱现象,还应掺加水泥质量 2% 左右的黏合增强剂。二是基层处理,铺设一层级配碎石,并在中间设置透水盲管,低端通向排水系统。三是透水混凝土搅拌,一般先把 50% 左右的用水量、骨料投入搅拌机搅拌 60 s 左右,然后添加外加剂、水泥等材料再搅拌 30 s 左右,最后将剩余水量加入搅拌 40 s 左右即可,拌制好的透水混凝土应该是手握成团,手松团散,骨料裹浆均匀无流淌,浆体表面泛有光泽。底层混凝土骨料采用 10～16 mm 的稍大骨料以提高混凝土的透水率和强度,可以不掺颜料,摊铺后迅速滚压,随后进行面层彩色混凝土拌制,确保在底层初凝之前进行面层彩色透水混凝土的摊铺。面层彩色混凝土采用 4～7 mm 的小骨料进行拌制,以增加面层的平整性和美观度。四是控制透水混凝土从搅拌至摊铺的时间间隔,夏季不超过 30 min,春秋不超过 45 min。五是摊铺系数保持在 1.2 左右,铺完迅速用刮尺整平,并用滚筒滚压 2～3遍,然后采用低频振动夯夯实,施工完成的路面应达到骨料黏结牢固,孔隙分布均匀,透水迅速,表面平整密实,无缺粒坑洞和色差现象。六是摊铺完成后使用耐候性和耐磨性佳的彩色树脂漆进行喷涂,进行面层色彩鲜艳的强化和补充,以提高面层的美观效果,延长彩色面层的使用寿命。七是采用塑料薄膜或土工布进行覆盖养护,每日进行洒水,以确保混凝土表面始终处于湿润状态,养护期不低于 20 d,如图 7、图 8 所示。

5.2.6　亭廊安装

中庭亭廊一般采用成品或现场安装方式建设,首先将立柱安装在基础上,通过地埋件加固连接,随后按次序安装梁、檩、椽、望板、油毡、青瓦、门窗、挂落、栏杆、美人靠等,骨架安装完成后进行油漆装饰、题字、挂匾额等,如图 9、图 10 所示。

图 7　透水混凝土路面分隔条安装

图 8　透水混凝土园路

图 9　景观亭安装

图 10　景观亭

5.2.7　面层铺装

中庭小广场铺装通常应用花岗岩作为铺装材料,常用 1∶1 水泥砂浆粘贴,铺贴时应控制好标高,留置横向坡度,间隙控制在 2～3 mm,并使用统一塑料卡保持缝隙一致,表面平整。有配色及花纹图案的,应按图施工,保证图案精美、线形流畅。

5.2.8　景观置石

"石令人古,水令人远,园林水石,最不可无。"中庭景观风格以中国古典园林居多,大多配置景石。置石种类可选太湖石、龟纹石、灵璧石、英石等。太湖石玲珑剔透、千姿百态、灵秀飘逸、超凡脱俗,最能体现"皱、漏、瘦、透"之美。龟纹石裂纹纵横、雄奇险峻,状似风云人物、飞禽走兽、山峦缩景。"灵璧一石天下奇,声如青铜色如玉。"灵璧石或似仙山名岳,或似珍禽异兽,或似名媛诗仙。英石形体漏透,造型雄奇,具有"皱、瘦、漏、透"的特点。置石种类、体量大小、外观形状可根据摆放位置及环境特点来选择。置石体现着园林工程师独具匠心的艺术功底,是中庭景观的点睛之笔,如图 11 所示。

5.2.9　树桩盆景安装

中庭空间有限,常用造型树桩盆景来表现高大乔木。常用的造型树桩盆景有造型红花继木、造型罗汉松、造型五针松、造型黑松、造型小叶赤楠、造型高山杜鹃、造型瓜子黄杨、造型小叶女贞、红梅树桩、造型花石榴等。造型树木应与周围环境和景观相协调,表达一定的景观意境,不能一味追求珍稀名贵。树桩盆景宜去掉缸盆,栽植到树池、节点的种植土中,一方面显得自然协调,另一方面也有利于树桩盆景的生长和日常养护,如图12~图15所示。

图 11 景观置石

图 12 花池红继木桩景

图 13 罗汉松、红花继木造型树

图 14 造型小叶赤楠

图 15 造型罗汉松

5.2.10 种植土摊铺

中庭绿植大多位于结构层板上,也就是常说的屋顶花园。为了减轻荷载,种植基质要求具有较好的保水性、通气透水性,质地疏松,养分含量全面,pH值以5.5～7.0为宜,腐殖质含量高,团粒结构好,质量轻等。为了满足上述要求,我们选用了园田土混合珍珠岩、陶粒、蛭石、树皮、锯末、农作物秸秆、畜禽粪便、土壤改良剂等配制所需的营养土。配置的营养土单位体积容重较轻,仅为1 100 kg/m³,而普通田园土容重为1 700 kg/m³,局部种植造型树木的覆土厚度为50～60 cm,种植花卉草坪部位覆土厚度为5～6 cm,可以满足设计文件对营养土的配置要求,如图16所示。

图16 营养土配置

5.2.11 水景工程建设

水景工程建设应做好工序衔接,适时安装管道,进行闭水试验,合格后方可隐蔽。中庭叠水通常采用钢结构骨架,外挂花岗岩方法施工,钢结构应符合外形尺寸及承载力等要求,同时应焊接牢固,并经检验合格后,方可进入下一道工序施工,如图17所示。

图17 叠水钢骨架焊接

叠水景观结构面层用花岗岩装饰,再配置花池、水池,将水景与绿化美化结合起来,组成水景。对于水景的出水口、流水幕墙、水池等部位施工时应严把质量关,特别是要做好防水。最后安装提升泵、水质净化等设备,设备安装完成进行调试,检验水景整体效果,存在问题应立即整改,如图 18 所示。

图 18　叠水景观

5.2.12　花卉地被种植

中庭绿植除了树桩盆景,大量的是花卉和草坪。花卉的品种、花色、花形多种多样,种植时应按设计图案布置,交界线条应流畅,以体现设计思想,展示美好意境。栽植密度应适当,过稀土壤裸露、效果不佳,过密影响花卉正常生长及花朵绽放。施工操作要细致,栽植过程中产生的植物残体、砖石、包装物、泥土、杂物等应及时清理,受污染的硬质铺装、路面等要冲洗干净。栽后要加强对花卉的养护,如浇水、施肥等,延长观赏期限。花卉凋零时要及时更换新花,保持中庭景观绿化美化效果。草坪种植重点应把握精细整地、铺设中粗砂、草块满铺、镇压密实、洒水养护等关键工序,日常养护应抓好清除杂草、浇水施肥、草坪修剪等主要工作,如图 19、图 20 所示。

图 19　紫藤景石花卉　　　　　　图 20　景石花卉

5.2.13　灯饰小品安装

灯饰小品涉及的管线及基础在其他工序施工时应预埋或施工,灯饰小品应满足使用或观赏要求,产品质量应满足设计文件要求,安装后与周围环境不协调的应进行适当调整。灯饰安装后应进行调试,发现问题及时整改,符合要求后进行封闭、封装。工程移交时应提供图纸,并向接收使用单位进行交底,明确使用规程和注意事项。

5.2.14 工程验收

工程施工完成后应组织工程预验收,对工程外观质量和使用功能进行评判。满足结构功能和使用要求的,排查存在问题,并限期整改;不能满足结构功能和使用要求的,返工重做。问题整改完成后,进行工程验收,验收合格移交使用单位,施工单位在保修期内承担保修义务。

6 材料与设备

6.1 材料

主要材料名称如表1所示。

表1 主要材料

序号	材料	牌号/规格	单位	备注
1	混凝土	—	m³	景观基础
2	防水涂料	—	kg	防水
3	PVC管材	—	m	管道铺设
4	透水混凝土	—	m³	园路
5	花岗岩	—	m²	广场铺装
6	防腐木	—	m³	亭廊
7	景观石	—	t	置石
8	造型树	—	株	绿化美化
9	四季草花	—	盆	绿化美化
10	草坪	—	m²	绿化美化

6.2 机具设备

主要施工机具设备配置如表2所示。

表2 主要施工机具设备

序号	设备名称	型号及规格	数量	用途
1	汽车起重机	25 t	1	起吊材料
2	砂浆搅拌机	HJ1-325	1	砂浆搅拌
3	切割机	—	3	切割石材
4	翻斗车	—	2	砂浆搬运
5	电动砂轮	—	2	切缝

序号	设备名称	型号及规格	数量	用途
6	小铲车	—	5	搬运材料
7	高压水枪	—	2	石材清洗
8	橡胶锤	—	5	铺石材
9	铁锹	—	10	挖土、填土
10	瓦刀	—	10	砌筑
11	灰桶	—	10	装砂浆
12	铁抹子	—	10	勾缝
13	铝合金水平尺	—	2	测量
14	楔开塞尺	—	2	测量
15	钢卷尺	—	2	测量

7　质量控制

7.1　工程质量控制标准

本工法主要遵照执行的现行规范、规程、标准主要有：

(1)《屋面工程质量验收规范》(GB 50207—2012)

(2)《屋面工程技术规范》(GB 50345—2012)

(3)《种植屋面建筑构造》(14J206)

(4)《园林绿化工程施工及验收规范》(CJJ 82—2012)

(5)《园林植物移植技术规程》(DBJ 08—18—1991)

(6)《园林植物养护技术规程》(DBJ 08—19—1991)

7.2　质量保证措施

应用本工法起挖高大乔木，要想保障苗木质量应采取相应的措施，主要有：

(1)中庭景观工程施工应建立工序自检、交接检和专职人员检查的"三检"制度，并保存完整检查记录。每道工序完成后，应经监理单位检查验收，合格后方可进行下道工序的施工。

(2)亭廊等构筑物基础、给排水等隐蔽工程，隐蔽前应进行检查验收，合格后方可隐蔽，进入下一道工序施工。

(3)水景工程施工时应严格按照审定的施工方案进行施工，加强过程控制，施工完毕应进行试运行，检查防水工程是否合格，出现渗漏现象应立即排查，采取相应的整改措施，保障工程质量。

(4)加强块料铺装接缝控制，普通缝隙宜控制在 2～3 mm 以内，伸缩缝控制在 5 mm 以内，施工时可用塑料卡，保证线形符合要求，缝宽应均匀一致。

(5)加强原材料进场验收，碎石、黄沙、水泥、防腐木、花岗岩、钢材以及其他辅材必须符合规范和设计文件要求,同时应委托有资质的检测机构进行检测,不符合要求的材料一律禁止进场,不得用于工程建设。

(6)中庭景观往往配置景观石,应选择一批品种、形状、体量合适的景观石,以提升局部景观意境,选石应一块一块选,一石一景。

(7)中庭屋顶绿化要求种植土容重较轻、土质疏松、养分含量丰富、保肥保水,配置的营养土应符合规范和设计文件要求,这是中庭植物正常生长、保持景观效果的基础,必须不折不扣地抓好落实。

(8)中庭造型树木一树一景,每一株树木都是独特、浓缩的景观,品种、体量、造型甚至树龄、生长势等都应仔细斟酌、精挑细选;同时栽植后的养护也要一树一措施,一树一方案,精心呵护,保证树木成活与正常生长发育,发挥树木的景观效应。

8 安全措施

8.1 建立以项目经理为组长、专职安全员为副组长的安全领导小组,执行"谁主管,谁负责""安全第一、责任到人"的生产原则;安全员必须做好安全日记,详细记录安全巡视、检查的时间,发现安全隐患及时处理或向项目经理汇报。

8.2 主要工种和特殊工种作业人员应持证上岗,凡患有严重心脏病、高血压、神经衰弱症等不适于高空作业者不得进行高空作业。

8.3 楼层周边及预留孔洞等部位应设置护栏、安全网等必要的防护设施。

8.4 材料垂直调运和水平驳运时,必须设立警戒区由专人监控,严防高空坠物;施工人员应穿戴防滑鞋、安全帽,系好安全带;操作人员不准穿硬底鞋、易滑鞋和拖鞋。

8.5 登高作业应设置安全梯道,搭设脚手架,并架设防护栏杆或张挂安全网。

8.6 应实行封闭施工,非施工人员禁止入内。正在施工的区域应设置警示标志或围栏,禁止人员通过和停留。

8.7 高层施工垃圾,如碎石、木块、花岗岩残片、植物残枝等应集中往下运送,不准随便往下乱掷。

8.8 各种机械、工具要注意使用安全;施工临时用电应有保护措施,规范用电、安全用电。

9 环保措施

9.1 制订文明施工管理制度,组建文明施工领导小组,全面负责施工现场的文明施工,实行责、权、利相结合,责任落实到人,使整个施工现场有一个干净、整齐的工作环境。

9.2 施工前应编制环境保护专项施工方案,按批准的专项方案严格组织施工。

9.3 现场施工产生的固体废物应及时清理,做到工完场清;产生的废水禁止随地排放。

9.4　加强噪声管理,提倡文明施工。对现场强噪声机械采取有效的隔音措施,如设置封闭的隔音棚等,以减少噪声扩散。

9.5　对施工现场采取洒水降尘措施,控制扬尘;搬运易扬尘材料如水泥等时,应避开施工高峰,比如下班前,并集中堆放,加以覆盖。

10　效益分析

10.1　经济效益

本工法重点解决水景工程防水、屋顶绿化营养土配制、景观置石、造型树木选择等施工技术问题。与传统的施工方法相比,本工法提高了景观效果,减少了漏水、植物生长不良、置石不当、树木与环境不协调等问题,降低了维修费用,通过对类似工程的比较分析发现,应用本工法可以减少工程成本20%以上,经济效益十分显著。

10.2　生态效益

应用本工法可实现景观配置好,植物与环境协调,景观自然和谐,环境优美,在高大建筑群中引入自然风光,如明媚的阳光、浓缩的山川、清澈的泉水、艳丽的百花,提升了整体建筑的功能和品质,改善了建筑群的生态环境,具有十分显著的生态效益。

10.3　社会效益

在城市化建设和发展过程中,土地资源越来越珍贵,建筑体量也不断增大,改善建筑环境显得越来越重要。本工法对于推动中庭景观建设工艺提升,提高建设水平,丰富中庭空间的使用功能具有十分重要的意义,同时具有十分显著的社会效益。

11　应用实例

11.1　江北新区市民中心工程景观绿化工程

11.1.1　工程概况

本工程位于南京市浦口区定山大街与滨江大道交叉口北50 m,总设计面积约50 102 m²,其中绿化面积21 102 m²。包含中庭园林景观、屋顶花园、沥青道路、广场铺装、地下车库出入口、雨水回收、瀑布水景、亮化照明、雾淞喷灌、土方工程、绿化种植等,工程合同价为6 518.8万元。

11.1.2　应用效果

本工程应用高大建筑中庭景观施工工法在中庭园林景观建设中较好地解决了各专业工种配合问题,将景观置石、瞻亭、留音桥、园路、照明、水景、造型树木选择、花卉及草坪种植等施工工序有序地结合起来,精雕细琢,精益求精,建成了一项惠民工程、明星工程,成为市级质量观摩项目,取得了较好的应用效果。同时在营养土配制、工程防水、水景打造方面应用本工法,有效解决了屋顶绿化、结构防水、室内水景等技术问题,降低了维护维修费用,节约了综合施工成本,降低成本约25%,具有较高的经济效益、社会效益和生态效益。

11.2　雨发生态园四期基础设施建设项目——雨发生态园中央公园景观绿化工程

11.2.1　工程概况

工程位于南京市浦口区雨发生态园,绿化面积 666 000 m²,工程总造价为 20 100 万元。主要施工内容包括房屋建筑、中庭景观、室内装饰、沥青道路、雨污水管道、广场铺装、假山置石、休闲垂钓、游乐设施、景观小品、景观亮化、园林绿化等工程。

11.2.2　应用效果

本工程应用高大建筑中庭景观施工工法在中庭景观营造过程中,将塑石假山、亭廊、栈桥、园路、灯饰、小品、水景及花木、草坪种植等施工工序有序地结合起来,避免了各工序之间的冲突和矛盾,降低了成品保护和二次维修费用。同时在营养土配制、工程防水、水景打造方面应用本工法,有效解决了屋顶绿化、结构防水、室内水景等技术问题,降低了维护和维修费用,节约了综合施工成本,降低成本约 20%,具有较高的经济效益、社会效益和生态效益。

案例七

原有广场海绵改造施工工法

湖南省一建园林建设有限公司

1 前言

随着城市建设的快速发展、城市人口的增加以及城区面积的增大,作为城市建设中呈现出的主要形态之一的广场,也因城市步行交通或休闲活动组织的需求而面积逐渐扩大。这些广场传统的建设模式是以混凝土和石材铺装不透水、不透气路面为主,且广场及其周边场地内排水设施不完善。这类大面积硬质化广场阻隔了地下与地面的联系,使得路面很难与空气进行热量、水分的交换,缺乏对城市地表温度、湿度的调节能力,城市小气候恶化。当短时间内集中降雨时,雨水不能渗透至地下,只能通过城市雨水管网排入河流,导致地表径流增加,易造成城市内涝,加重排水设施负担,雨水资源浪费,地下水补给减少。另外,雨水挟带路面的污染物流入江河中,还会造成城市水体污染。

面对城市发展中呈现出的日益突出的环境问题、社会问题,国家积极号召构建生态节约型、环境友好型社会,海绵城市建设就是其中重要的举措。2015 年 10 月,国务院办公厅发布《关于推进海绵城市建设的指导意见》,提出到 2020 年,城市建成区 20% 以上的面积达到海绵城市建设目标要求;到 2030 年,城市建成区 80% 以上的面积达到海绵城市建设目标要求。

本工法是将城市广场、公园广场中铺设的石材人行道进行海绵化改造,使原来不透气、不透水的石材铺装路面,通过局部基层面层破除置换、整体面层加铺透水及透气性好的材料,使广场下雨时可吸水、蓄水、渗水、净水,需要时可将蓄存的水"释放"并加以利用。改造后的广场在适应环境变化和应对自然灾害等方面具有良好的"弹性",广场成为具备吸水、蓄水、净水、释水功能的海绵体,从源头上大幅削减了城市径流,提升了城市防洪排涝减灾能力,缓解了排水管道负担,节约了水资源,减少了城市径流污染负荷,保护并改善了城市水生态环境,实现了城镇化和环境资源协调发展。

2 工法特点

2.1 适用性广

广泛应用于城市广场、公园广场中铺设的石材人行道改造工程,面积不限。

2.2 施工工序少、难度小、速度快、易掌握

2.3 建设费用低

相比将原有广场整体破除重新施工,改造施工的建设费用低。

2.4 对原有构造及原状环境影响小

由于是对原有广场局部基层、整体面层进行改造,所以施工过程对原有构造及周边原状环境影响小。

2.5 功能形式多样,易与景观结合

完成彩色透水混凝土面层后,还可通过对面层进行双丙聚氨酯喷涂来增色加艳,搭衬周边已有的景观或建筑物,保证景观效果。还可通过热熔涂料标线将海绵广场改造为羽毛球场、篮球场或广场舞活动区等公共空间,丰富广场的功能性。

2.6 改善生态

通过"广场海绵体"及周边生态植草沟的搭配组合,一方面实现了雨水的下渗、集蓄、过滤、净化,从源头上控制和集蓄了雨水,防止了大面积积水,削减了径流峰值;另一方面海绵广场具备透水、透气性能,使地上、地下可以时刻进行热量、水分等物质和能量交换,减轻"城市热岛效应",大规模推广使用的话,改善生态环境的效果显著。

3 适用范围

适用于城市广场、公园广场等铺设的石材人行道改造工程,将传统的采用混凝土、石材等不透水、不透气材料铺设的人行道进行海绵化设施改造。

4 工艺原理

将原有不透水、不透气的石材通过局部基层面层破除置换、整体面层加铺透水及透气性好的材料,使雨水下落后,先通过新加铺的透水混凝土面层滞蓄或过滤下渗至改造后的基层砾石疏水层,当砾石疏水层缝隙内雨水集蓄过多时,雨水再渗入设置在砾石疏水层底部的软式透水管截留滞蓄一部分,其余无法消纳的雨水排入周边植草沟。雨水通过透水混凝土面层、砾石疏水层、软式透水管、生态植草沟等具有渗透功能的集水、输水、排水通路,被多重截留滞蓄、入渗消纳、过滤净化,广场成为具备吸水、蓄水、净水、释水功能的海绵体,从源头上控制和涵养了水资源,有效削减了地表径流,提高了广场防洪排水的能力。原有广场海绵改造后雨水调蓄系统流程图见图1。

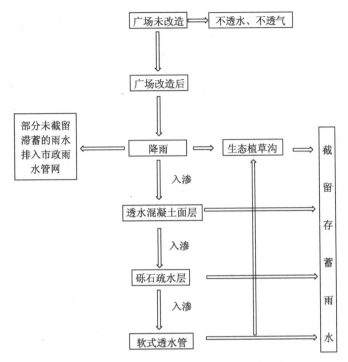

图1　原有广场海绵改造后雨水调蓄系统流程图

5　施工工艺流程及操作要点

5.1　施工工艺流程(图2)

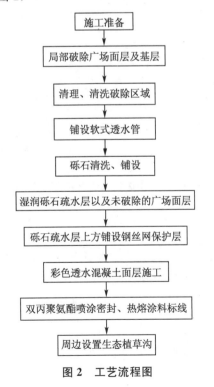

图2　工艺流程图

5.2 原有广场海绵改造断面示意图(图3)

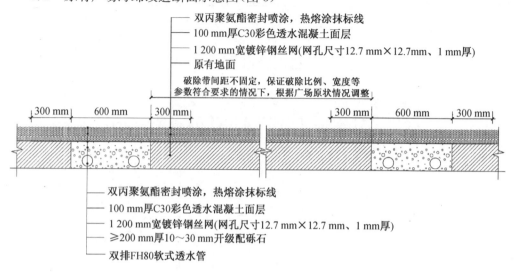

图 3 原有广场海绵改造断面示意图

5.3 广场周边生态植草沟断面示意图(图4)

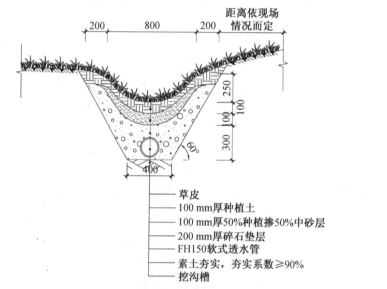

图 4 广场周边生态植草沟断面示意图

5.4 操作要点

5.4.1 施工准备

(1)施工前应解决水电供应、交通道路、搅拌和堆放场地、工棚、仓库和消防等设施。施工现场应配备防雨、防潮的材料堆放场地,材料按标识分别堆放。

(2)按照施工图纸准备好海绵改造所用到的材料、机具、构件、人员,确保施工过程的质量安全和进度要求。

(3)施工前将原材料送至有资质的试验中心,按设计要求的彩色透水混凝土强度等级和性能做配比试验。

(4)施工前,专业工程技术人员向参与施工的人员进行技术交底及关键技术的讲解指导。

5.4.2 局部破除广场面层及基层

(1)遵循因地制宜、尊重现状的原则对广场面层及基层实施局部破除。为保证改造广场透水质量效果,且便于实际施工操作,根据广场形态,采用35型带炮头小型挖掘机辅以人工,沿着面层石材缝隙,避开广场原有树池等构筑物,呈直线长条状、布局均匀有规律地破除局部原有硬质铺装面层及基层,且破除带不宜设置在广场边界,与广场边缘线距离至少300 mm。当机械破除接近保留区域与破除区域交界面时,必须人工用电镐剔凿,以尽量减少对保留区域的扰动或破坏,同时保证破除区域的平整度。

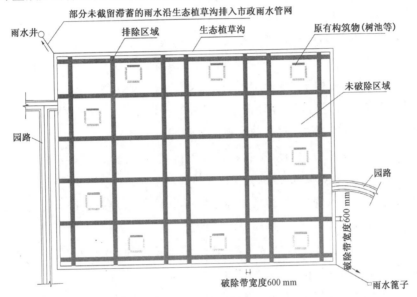

图5 原有广场局部破除平面示意图

(2)为保证改造后广场的海绵性能,同时降低建设造价,破除区域面积宜控制在广场总面积的25%~28%,破除厚度至少20 cm,每条破除宽度60 cm。纵横向破除带的条数、间距、厚度根据广场原状情况确定,但必须符合破除面积比例、厚度、宽度等技术参数的要求。原有广场局部破除见图5、图6。

图6 原有广场局部破除

（3）制定好建筑垃圾外运的计划。

5.4.3 清理、清洗破除区域

（1）清理垃圾：清理破除产生的建筑垃圾以及广场面层上原有的生活垃圾。

（2）清洗广场：冲洗破除区域的建筑残渣以及保留区域面层的尘土，保证破除区域基底和保留区域面层清洁干净无积水，便于新旧构造的贴合。破除区域基底不得有杂物和石子残渣等尖棱杂物，以免损坏软式透水管。

5.4.4 敷设软式透水管

（1）采用外径FH80的软式透水管，材料进场时严格检验产品的外观质量和产品的均匀度、厚度、韧度、强度，核验厂家合格证和检验报告，符合要求后方可使用。

（2）敷设软式透水管前，基底的平整度和清洁度应符合要求。

（3）在每条破除带平行敷设两根软式透水管，敷设时应拉直、平顺，不得出现扭曲、褶皱、重叠，及时调整两根平行软式透水管的间距。如软式透水管长度不够时采用搭接法，搭接宽度不小于30 cm，搭接处用U形钉或连接件进行固定。施工中随时检查软式透水管质量，如有折损、刺破、撕裂等损坏时，视情况修补或更换。

（4）为保证软式透水管内雨水顺畅排入周边设置的生态植草沟或原有排水沟，其溢流口须位于生态植草沟或原有排水沟上方。

（5）敷设完软式透水管后，及时人工铺设砾石疏水层，避免软式透水管长期暴晒。

5.4.5 砾石清洗、铺设

（1）砾石铺设前一定要将其冲洗干净，避免将砾石上附着的砂、石粉、灰尘等细颗粒物带入，影响疏水层的透水性。

（2）砾石疏水层厚度至少20 cm，宜选用10～30 mm开级配、表面光圆无棱角的粗砾填充被破除的区域至原面层标高，同时覆盖软式透水管网。其原理是利用砾石的强度和刚度来承受上部荷载以及保护软式透水管，同时砾石之间的孔隙便于雨水下渗、收集和疏导。

（3）砾石需要采用人工方式分层摊铺，每10 cm一层。

（4）为避免破除带两端砾石疏水层的砾石在雨水渗透或输送的过程中被冲刷移位带出而出现砾石疏水层松散、脱空，影响构造和透水效果，需在破除带两端浇筑500 mm长、与砾石疏水层同宽同厚的C20封端混凝土，敷设在封端混凝土内的软式透水管用φ110PVC管予以保护。

5.4.6 湿润砾石疏水层以及未破除的广场面层

浇筑彩色透水混凝土面层前应在砾石疏水层及未破除的广场面层上浇水浸润，无积水，保持一定的湿润状态以防混凝土收水过快而影响面层压光，更利于基层与面层的有效结合。

5.4.7 砾石疏水层上方铺设钢丝网保护层

为保证砾石疏水层与彩色透水混凝土面层的有效结合，提高改造处的承载力，增强地面抗裂防冻性能,在砾石疏水层上方铺设一层网孔尺寸为 12.7 mm×12.7 mm、1 mm 厚、1.2 m 宽的镀锌钢丝网,两侧搭接宽度各 300 mm。

5.4.8. 彩色透水混凝土面层施工

(1)施工前必须按规定对基层、排水系统进行检查验收,符合要求后才能进行面层施工。

(2)配比:整个广场浇筑 100 mm 厚 C30 彩色透水混凝土,施工前及时将原材料送至有资质的实验中心进行检验,并及时收集符合设计强度等级和性能要求的配合比报告,最佳的配合比能保证彩色透水混凝土的和易性、施工质量和透水效果达到最佳。

(3)投料:彩色透水混凝土搅拌投料必须严格按照配合比进行,原材料必须计量准确。第一次投料必须过磅,随后可在投料机械容器中做好记号,按标准参照投料。

(4)搅拌:彩色透水混凝土必须用机械搅拌均匀,如图 7 所示。

图 7　搅拌透水混凝土

(5)运输:搅拌好的成品料出机后应及时运到施工现场,为防止透水混凝土拌合物运输时水分蒸发产生离析现象,应注意采取覆盖等措施保持拌合物的湿度和水分,保证施工质量。

(6)支模:摊铺前对基层与标高复验后进行立模制作。模板应选用质地坚实、变形小、刚度大的材料,模板的高度应与彩色透水混凝土面层厚度一致,摊铺前支撑稳定。彩色透水混凝土拌制及浇筑应避免在地表温度 40 ℃以上施工,同时不得在雨天和寒冻天气施工。

(7)振动压实:彩色透水混凝土宜采用专用低频振动压实机,既起到了压实作用,又起到了平整作用。如采用平板振动器振动,则应避免在同一处振动时间过长进而出现离析现象或过于密实影响透水率。

(8)彩色透水混凝土拌合物从搅拌机出料后,运至施工地点进行摊铺、压实,直至浇筑完毕的允许最长时间由实验室根据水泥初凝时间及施工气温确定,并应符合表1的规定。出料、运输、摊铺、压实时间应严格控制。

表1 彩色透水混凝土从搅拌机出料到浇筑完毕的允许最长时间

施工气温 t(℃)	允许最长时间(h)
5≤t<10	2
10≤t<20	1.5
20≤t<30	1
30≤t<35	0.75

(9)找坡:虽然从彩色透水混凝土角度而言无须路面排水,但考虑到暴雨时雨量过大,为及时排除雨水,路面按设计要求设置排水坡度,找坡0.3%,坡向周边设置生态植草沟或原有排水沟有利于大量雨水排出。

(10)接缝:广场的接缝应为不大于25 mm的分隔,以小胀缝方式设置,缝宽15~20 mm。胀缝中均嵌入定型的橡树塑胶材料,厚度和宽度按实体定。

(11)成品保护:保护前道工序成品,可采用铺盖塑料薄膜的方式。

广场成型后周围可设置围挡,布置彩旗,做明显标志,并安排专人值守对产品进行有效保护。

(12)养护:彩色透水混凝土路面施工完毕后,宜覆盖塑料薄膜、彩条布或透水土工布及时进行洒水保湿养护。养护时间根据彩色透水混凝土强度增长情况而定,养护时间不宜少于14天。彩色透水混凝土路面未达到设计强度前不允许投入使用(图8)。

图8 混凝土路面养护

5.4.9 双丙聚氨酯喷涂密封、热熔涂料标线

(1)彩色透水混凝土面层养护工作结束后密封前,应对工作面进行清洁清洗晒干,确保面层处于完全干燥状态后,宜采用无气喷涂机将双丙聚氨酯喷至彩色透水混凝土表面进行透明或着色密封,密封要求均匀,无明显色差。喷涂完成后形成坚韧的高光泽度薄

膜,使面层耐酸、耐碱,抗紫外线能力较强,耐候、耐久性好,而且增色加艳、观感好,大大提高路面耐磨性并减少透水混凝土颗粒脱落,对路面提供持久保护。

(2)双丙聚氨酯必须干燥密封保存,开盖产品最好一次性用完,应用中须做好必要的防护。

(3)喷涂时应对周边的施工成品予以保护,可采用胶带粘贴,也可用钢(木)板遮挡,必须做到边到边整齐,美观大方。

(4)在双丙聚氨酯喷涂时选择合适色彩为广场增色加艳,以实现不同环境和个性所要求的装饰风格。还可对完成面进行热熔涂料标线,将海绵广场改造为广场舞平台、篮球场、羽毛球场等功能各异的活动区。

5.4.10　周边设置生态植草沟

(1)因生态植草沟环保、施工简单、可操作性强、蓄水排水性能好,如原有广场周边存在绿化区域时建议设置生态植草沟。

(2)设置生态植草沟的工艺流程:人工挖沟槽→素土夯实→外径 FH150 软式透水管→300 mm 厚碎石垫层→100 mm 厚 50%种植土掺 50%中砂层→100 mm 厚种植土→铺设草皮。

(3)改造广场自身的透水构造,再加之周边设置的生态植草沟,形成更完整更有效的吸水、蓄水、净水、释水、排水系统,更有利于削减城市径流,改善城市水生态环境。

6　材料与设备

6.1　主要材料:砾石、软式透水管、镀锌钢丝网、彩色透水混凝土、双丙聚氨酯、热熔涂料等。

6.1.1　砾石

宜选用 10~30 mm 开级配、无棱角、较圆滑的粗砾,需冲洗干净,不应含有黏土块、植物或其他有害物质。

6.1.2　软式透水管

宜选用外径 FH80mm 的软式透水管。

6.1.3　镀锌钢丝网

宜选用网孔尺寸 12.7 mm×12.7 mm、1 mm 厚、1.2 m 宽的镀锌钢丝网。

6.1.4　彩色透水混凝土

采用 C30 彩色透水混凝土,施工时严格按照配合比报告配制,原材料在使用前严禁受潮。

(1)水泥应采用强度等级不低于 42.5 级的硅酸盐水泥或普通硅酸盐水泥,质量应符合现行国家标准《通用硅酸盐水泥》(GB 175—2007)的规定。

(2)外加剂应符合《混凝土外加剂》(GB 8076—2008)的规定。

(3)透水混凝土增强剂应附有产品使用说明书及质量保证书。掺加后,增强透水混凝土抗压强度、抗折强度,同时改善透水混凝土的后期泛碱现象。

(4)碎石料必须使用质地坚硬、耐久、洁净、无粉尘、含泥量低的碎石料,粒径在2.4~13.2 mm,碎石的性能指标应符合《建筑用卵石、碎石》(GB/T 14685—2011)中的二级要求。

(5)彩色颜料的选用和掺量应通过试验验证其搅拌的分散性和耐磨性,优先选用耐候性好的无机类颜料。

(6)拌合用水应符合《混凝土用水标准》(JGJ 63—2006)的规定。

6.1.5 双丙聚氨酯

宜选用耐磨性、耐候性、抗老化性能均好的双丙聚氨酯密封剂,通过使用透明或着色密封剂保护彩色透水混凝土地坪,保持其润湿性佳,起到润色和消除色差的作用。

6.1.6 热熔涂料

热熔涂料少量,仅用于面层标线。

6.2 机具设备

6.2.1 主要施工机具:带炮头小型挖掘机、自卸汽车、洗石机、混凝土搅拌机、低频振动压实机、锯缝机、无气喷涂机等。

6.2.2 小型施工器具:电镐、翻斗车、水枪、磅秤、扫帚、簸箕、铲子等。

7 质量控制

7.1 施工操作遵循的规范

(1)《软式透水管》(JC 937—2004)

(2)《给水排水管道工程施工及验收规范》(GB 50268—2008)

(3)《混凝土结构工程施工质量验收规范》(GB 50204—2015)

(4)《园林绿化工程施工及验收规范》(CJJ 82—2012)

7.2 质量标准

7.2.1 对原有硬质铺装面层及基层的局部破除应布局均匀且有规律地实施,破除面积比例、厚度、宽度等技术参数应符合操作要点的要求,施工中尽量减少对保留区域的扰动或破坏。破除完成后及时清理清洗基底,保证破除区域平整度、清洁度。

7.2.2 敷设软式透水管时应拉直、平顺,不得出现扭曲、褶皱、重叠,施工中随时检查软式透水管是否完好,有无破损。

7.2.3 砾石疏水层铺设前砾石需冲洗干净,再采用人工方式分层摊铺。

7.2.4 浇筑彩色透水混凝土面层前应在砾石层及未破除广场面层上浇水浸润,确保无积水。砾石疏水层上方铺设一层镀锌钢丝网,两侧搭接宽度各300 mm。

7.2.5 彩色透水混凝土的施工应严格遵守施工操作要点和相关规范,保证强度等级和透水性能符合设计要求,满足实际需求。

7.2.6 双丙聚氨酯透明或着色密封剂喷涂,密封要求均匀,无明显色差,喷涂中避

免对周边施工成品造成污染、破坏。

7.2.7 热熔涂料标线宽度一致、间隔相等、边缘整齐、线形规则、线条流畅。涂层应厚度均匀,无起泡、开裂、发黏、脱落等现象。

7.2.8 严格控制生态植草沟的沟底标高,保证软式透水管溢流口位于生态植草沟上方以利排水。

7.3 质量控制措施

7.3.1 项目部应建立质量管理机构,落实质量岗位责任制,层层分解,把质量控制的责任具体落实到每一个部门,每一位员工,每一位工人。根据设计要求并结合现场编制科学合理、切实可行的施工方案,对参与的施工人员做好技术交底与安全交底,合理布置施工现场,准备相应的人、料、机等,及时签订相关合同,保证施工能够顺利进行。

7.3.2 施工前准备好改造广场所要求的建筑材料,材料进场时核验出厂合格证、质量检验报告,需送检的材料按规范送检,严把材料进场检验关,确保进场的材料符合要求。

7.3.3 使用先进的、计量准确的施工设备,加强对施工设备的维护、保养。

7.3.4 施工时建立工序自检、交接检和专职人员检查的"三检"制度,并保存完整检查记录,每道工序完成后,应经监理单位(或建设单位)检查验收,合格后方可进行下道工序的施工,严格管理工序。

7.3.5 施工后做好成品保护,必要时设立警示标志,安排专人巡查,避免损坏、污染成品等现象发生。

8 安全措施

8.1 由于施工场地主要为城市广场、公园广场等,穿行人员较多,又临交通干道,为保证改造施工安全开展,应及时设立围挡封闭施工区域,禁止非作业人员进入现场,在机械设备、材料运车进出时注意安全性和交通导行。进入施工现场应戴安全帽。

8.2 建立完善的施工安全保证体系,施工前进行具体的针对性强的安全技术交底、安全教育,施工作业中加强安全检查,确保作业标准化、规范化。

8.3 施工中使用的各种机械、设备、工具应符合相关规定要求,操作人员应仔细了解使用的注意事项,正确安全操作,熟练操作方法,严格遵守安全操作规程。注意观察设备、机械的安全状况或性能,定期检查、保养,保证机械的安全使用。

8.4 临时用电应符合《施工现场临时用电安全技术规范》(JGJ 46—2005),由专人负责接线和管理。

8.5 喷涂双丙聚氨酯时,戴好工作手套、口罩,穿好工作服,做好个人防护,同时不要吸烟。每次喷涂完毕,彻底清洗喷涂器具,并妥善保存和处理未用完的双丙聚氨酯或废弃桶。

8.6 施工现场所使用的材料、机具等应放置合理,并设置整齐规范的标示牌,由专人管理。

8.7 改造破除产生的建筑垃圾不能乱丢,应集中堆好,及时回收外运,做到工完场清,保持现场文明。

8.8 夜间施工应有足够照明。

9 环保措施

9.1 现场应保持整洁,及时清理,做到工完场清,施工现场垃圾定点合理堆放,定时统一运至指定地点,做到"活完、料净、脚下清"。

9.2 做好交通环境疏导,充分满足便民要求,认真接受城市交通管理,随时接受相关单位的监督检查。

9.3 将施工场地和作业限制在工程建设允许的范围内,合理布置、规范围挡,做到标牌清楚、齐全,各种标识醒目,施工场地整洁文明。

9.4 优先使用先进环保机械,将施工噪声控制在允许值以下,统筹安排,合理计划,最大限度地减少夜间施工的时间和次数,降低噪声对环境的影响。

9.5 弃渣及其他工程废弃物按工程建设指定的地点和方案进行合理的堆放和处治。

10 效益分析

10.1 经济效益

海绵改造广场的施工相比将原有广场整体破除重新施工,施工方法简单、施工快捷、节约成本、经济效益好。

10.2 生态效益(环保效益)

原有广场海绵改造的施工工法通过改造城市主要空间有效扩展"海绵体",提高城市海绵覆盖率。这种海绵体有利于吸尘降噪,增加水分循环,缓解城市热岛效应,减缓城区雨水洪涝,控制雨水径流污染,提高环境质量,改善城市生态系统。

10.3 社会效益

在雨水收集过程中,一方面可以减少绿地、广场的积水,减少洪涝灾害,为人们的出行带来方便;另一方面也可通过对广场面层的喷涂、画线,选择合适的色彩组合和结构形式,美化广场,或将广场改造成羽毛球场、篮球场、广场舞平台等,以丰富广场的使用功能,改善人居环境,社会效益明显。

11 应用实例

11.1 长沙市望城区星城互通节点海绵城市建设项目位于湖南省长沙市,项目总占地面积为 97 023.8 m²,项目主要以绿化苗木栽植为主,于 2017 年 3 月开工,2017 年 8 月竣工,意在为社会打造一个休闲散步的公园。业主方在项目立项之初特别强调设计施工要积极响应、践行国家海绵城市建设的理念、政策,所以项目实施中充分融入了海绵广场、透水园路、生态植草沟、雨水花园等海绵设施,其中使用了该工法的海绵改造广场约 1 500 m²。该工法在此项目试点实施,实践证明广场质量稳定可靠,观感美观大方,且环保无污染,整个项目施工效果获得长沙市政府的高度认可。

11.2 十堰市新世纪广场海绵城市改造工程位于湖北省十堰市,项目是对石材铺设的人行道进行改造,改造面积约 9 000 m²,于 2018 年 7 月开工,2018 年 12 月竣工。该工法在此项目中得到改进和推广,大大提高了其适用性。项目充分体现了海绵城市建设理念的先进性,获得建设单位及监理单位的一致认可。

实践证明原有广场海绵改造施工工法是成功的、先进的。本工法的采用可以为公司带来良好的社会效益和经济效益。

案例八

装配式混凝土景观凉亭施工工法

安徽水利生态环境建设有限公司

1 前言

在园林景观建设中,许多凉亭、廊架的结构曲线造型构造比较多,通常的施工流程是根据造型进行钢筋加工制作→搭设模板架体→安装造型模板→浇筑混凝土→混凝土养护→模板拆除→支架拆除。存在建筑施工周期长、建筑材料浪费多、施工安全隐患多、对环境造成破坏等诸多通病。

装配式混凝土景观凉亭施工工法具有施工工艺简单、建造预制场地及台座结构简单易行、预制安装方便、施工速度快、节约建筑材料等优点。

近几年我单位对景观凉亭进行分段预制,后张拉法连接严格按照施工工艺,取得了明显的社会效益和经济效益,不断完善总结后形成了此工法。

2 工法特点

(1)装配式混凝土景观凉亭采取分段预制。按照设计图纸逐个将构件拼接吊装形成完整的整体,构件采用榫卯连接,能够简单地构造出景观凉亭丰富的轮廓曲线,完成复杂多变的景观凉亭造型,减小施工误差,施工完成面好,工程质量有保证。

(2)分段预制构配件后拼装施工。各构配件均可以在混凝土预制厂进行预制,模板可多次使用,施工速度快,减少施工污染,有利于环境保护,是一种绿色施工技术。

(3)采用分段预制构配件后拼装施工技术,解决了施工现场钢筋、模板及模板支架的加工制作,减少了安全隐患,安全更有保障。

(4)采用分段预制构配件后拼装施工技术,节约建筑材料达20%,经济效益明显;同时景观凉亭采用装配式混凝土构件,耐久性良好,避免木结构、钢结构等后期受环境影响出现开裂、腐蚀、锈蚀等缺陷,具有重大推广价值。

3 适用范围

园林景观廊架、凉亭及其他结构曲线复杂的景观装饰工艺品制作、安装,适用于小区、公园、景区等有特殊曲线造型要求的景观构筑物的施工。

4 工艺原理

根据传统木结构构配件搭设原理,结合现代装配施工工艺技术,将景观凉亭各构配件提前深化设计,采用钢筋混凝土结构制作;运用装配式分段预制、整体拼装技术,让复杂的景观凉亭结构造型变得简单化;预制构件可适应不同造型需求,通过制作异形模板,可满足个性化定制;主要构配件材料均采用工厂化加工制作,现场吊装拼接安装。

5　施工工艺流程及操作要点

5.1　施工工艺流程

装配式景观凉亭施工工艺流程如图1所示。

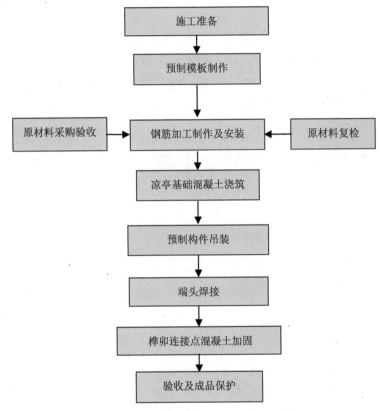

图1　装配式景观凉亭施工工艺流程图

5.2　操作要点

5.2.1　施工准备(工厂预制构件加工)

(1)现场安装前应完成景观凉亭各构配件的深化设计,深化设计文件应经原设计单位认可,原设计单位还应校核预制构件加工图纸,对预制构件施工预留和预埋进行交底。

(2)在装配式景观凉亭施工前,应组织生产、安装班组对设计文件进行详细解读,确定施工工艺措施。生产单位应准确理解设计图纸的要求,掌握有关技术要求及细部构造,根据工程特点和相关规定进行施工复核及验算、编制专项施工方案,并对作业人员进行安全技术交底。

(3)现场运输道路和存放堆场应平整坚实,并有排水措施。运输车辆进入施工现场的道路应满足预制构件的运输要求。卸放、吊装工作范围内不应有障碍物,并应有满足预制构件周转使用的场地。

5.2.2 预制模板制作及安装

(1)预制模板制作

根据景观凉亭基础结构表面造型及截面尺寸加工制作预制模板;预制模板可按照造型采用木模板等可塑性较好的模板。预制模板制作须与深化图纸相对应,模板是保证景观凉亭基础尺寸和表观质量的关键所在。模板制作完成后应进行全面细致的检查,并进行试拼装。

(2)模板安装

模板进场后按编号分开堆放,钢筋直接在基础台座上安装。如采用钢模,则使用前需对模板进行细致的打磨除锈,保证内表面光滑平整,精度误差在允许范围内。打磨完成后需在表面及时均匀涂刷脱模剂。模板安装成型后,其尺寸、垂直度及线型偏差必须符合规范要求。构配件模板制作及安装尺寸允许误差见表1。

表1　模板制作及安装尺寸允许误差

序号	项目	允许误差(mm)
1	模板总长	±10
2	外侧直径	+5.0
3	内模板中心线与设计位置偏差	≤2
4	内模板直径	+5.0
5	端模板预留孔偏离设计位置误差	≤3

5.2.3 钢筋加工制作及安装

(1)原材料采购及验收

钢筋原材料进场后经复试合格后方可投入使用,并在场内分类架空覆盖存放,防止受潮或雨淋。各种钢筋应分类标识清楚,规格、型号、厂名、数量等要与钢筋材料出厂合格证、产品质量保证书统一;构配件用钢筋的种类、规格、数量与其性能必须分别符合相关规范的规定。

钢筋直径≥12 mm者,宜采用 HRB400 热轧带肋钢筋;钢筋直径≤12 mm者,宜采用 HPB335 钢筋。钢板应使用符合 GB 700—2006 规定的 Q235 钢板。

(2)钢筋制作加工

构配件钢筋在钢筋加工棚内集中下料,加工成设计要求的形状,竖向、横向、纵向及箍筋按预制尺寸一次加工成型,纵向钢筋采用双面焊接接长,相邻接头错开 $35d$,加工的钢筋采用人工配合机械运至钢筋绑扎区。

①钢筋连接

钢筋接头采用双面焊连接,不得有钢筋烧伤及裂纹等现象。焊接后应按规定进行接头冷弯和抗拉强度试验。钢筋双面焊接头:同一级别、规格、同一焊接参数的钢筋接头,每 200 个为一验收批,不足 200 个亦按一验收批计。每一验收批取一组以上试样(三个拉力试件、三个弯曲试件)。

②冷拉调直

钢筋采用卷扬机冷拉,冷拉伸长率应控制在如下范围:Ⅰ级钢筋不得超过 2%;Ⅱ、Ⅲ级钢筋不得超过 1%。钢筋拉伸调直后不得有死弯。

③钢筋下料

钢筋下料时要去掉钢材外观有缺陷的地方;不弯钩的长钢筋下料长度误差为 ±15 mm;弯钩及弯折钢筋下料长度误差为 $\pm 1d$(d 为钢筋直径)。

(3)钢筋绑扎

景观凉亭构配件由钢筋骨架主筋组成,钢筋在钢筋绑扎区绑扎成型,钢筋外侧采用垫块控制保护层。

除设计有特殊规定外,钢筋的交叉点用铁丝绑扎牢固,钢筋的交接点均需绑扎牢固。绑扎钢筋用的铁丝要向内弯曲,不得伸向保护层内。构配件钢筋绑扎允许偏差见表2。

表 2 构配件钢筋绑扎允许偏差

序号	项目	允许偏差(mm)
1	主筋间距及位置偏差(拼装后检查)	≤8
2	箍筋的不垂直度(偏离垂直位置)	≤15
3	混凝土保护层厚度与设计值偏差	+5.0
4	其他钢筋偏移量	≤20

钢筋骨架入模之前须放置标准混凝土垫块,以保证混凝土的保护层厚度不小于设计。钢筋骨架底部的垫块需要承担整个骨架的质量,因此要求有足够的强度和刚度,以免发生变形;侧面垫块由于不承受骨架的质量,但在安装外模时容易错动,因此采用圆形垫块以保证侧面的保护层。垫块的厚度要符合设计要求。

5.2.4 凉亭基础混凝土浇筑及养护

(1)混凝土浇筑

景观凉亭构配件混凝土依据设计强度等级由厂区拌和站集中拌制,拌搅时间控制在 90~120 s 之内,搅拌机料仓要架设挡板,防止上料混仓。混凝土坍落度根据气温及湿度及时调整上下限,气温较高、天气干热时调为上限,气温下降、天气凉爽时调为下限,以保证混凝土到现场有良好的流动性。高效减水剂粉剂要提前称量准确,分袋存放,水剂要称量准确,防止滴撒,搅拌时宜采用水剂入搅拌锅、粉剂入提升料斗的掺入工艺。

混凝土由运输车运至预制场,由汽车吊提升料斗运输混凝土入模。混凝土浇筑采用从构配件一端开始,逐步推进的方式,每层混凝土厚度不宜超过 30 cm。

浇筑时,采用附着式高频振动器和插入式振捣棒成型的方式,插入式振捣棒应垂直点振,不得平拉,并防止过振、漏振。

（2）混凝土养护

常温条件下混凝土浇筑完成且收浆抹面后，用篷布覆盖、洒水养护，拆模后要继续养护，养护期不少于 14 天。温度较低时需采用蒸汽养护，蒸汽停止后仍采用塑料布覆盖保温，但不得在混凝土表面立即洒水养护。

混凝土早期养护要派专人负责，使混凝土处于湿润状态，养护时间应能满足混凝土硬化和强度增长的要求，使混凝土强度满足设计要求。

（3）模板拆除

当弧形构配件混凝土强度达到设计要求后，确保弧形构配件混凝土芯部与表面、柱内与柱外、表层与环境温差均不大于 15 ℃。在保证弧形构配件棱角完整时可以拆模，但气温急剧变化时不宜拆模。

在构配件混凝土强度达到设计强度后，采用汽车吊配合人工拆除模板。

（4）凉亭基础要求

凉亭基础一般要求 4 m×4 m，厚度 50 cm，柱与柱净距 2.4 m，预留孔柱 25 cm×25 cm，深30 cm，根据设计图纸现场制作，混凝土湿养 7 天以上安装构配件。凉亭基础如图 2 所示。

图 2   凉亭基础混凝土浇筑完成

5.2.5   预制构件吊装

（1）吊装工艺顺序

景观凉亭预制构件安装按照先柱后顶的顺序进行吊装，其吊装施工工艺顺序如下：

吊装施工准备→构配件吊装定位→构配件的校正→端口榫卯连接→连接点加固→连接点养护→刷漆。

（2）构配件吊装前准备

①景观凉亭预制构件进场前需根据设计图纸对外观造型设置情况进行验收，并检验进场的预制构件混凝土强度报告；构件尺寸、混凝土强度经仔细复核符合要求后方可投入使用。

②构配件进场前需先在施工现场根据设计图纸定位出凉亭柱孔的具体位置，并测设标高控制点，完成景观凉亭的柱基础施工。

③构配件吊装前需对基础定位轴线进行复测，确保安装的精度符合要求。复测锚栓

中心线对基准线的位移偏差、锚栓间距、基础标高,对于不合格的进行处理后方可进行吊装。

④为了控制柱体的安装标高,还应事先在柱子可视的截面上画出 500 mm 的位置,以便安装时进行标高的微调、校正。

(3)构配件吊装定位

在复测合格的基础上进行景观凉亭预制构配件的吊装。吊装前首先用单支吊装带将柱子捆绑好,绑扎处应加设软垫。吊点位置选择在距柱端 1/3 柱长的位置。通过旋转法将柱体吊起,将柱体构配件吊起送至安装位置,如图 3 所示。

图 3 构配件吊装定位

预制构件采用吊车安装就位,经验算构件质量后选择确定起重设备、吊具和吊索。安装过程中,可采用激光水平仪、垂直仪等跟踪测量校核柱体安装的垂直度。

(4)构配件安装工艺

将构配件卸车到各基础附近,用汽车吊送到柱安装位置。只有当柱安装牢固后方可松钩,柱角放入预留柱孔内,采用木楔固定(图 4),校核柱体垂直度,对柱角孔隙内灌浆,水泥碎石砂浆里掺加减水胶,立柱固定后 4 个横梁采用榫卯方式与柱连接,横梁上安装檐板,檐板连接点采用预留钢筋焊接,支撑梁与宝鼎托采用榫卯连接固定,支撑梁与檐板采用预留钢筋进行二次加固,四面安装顶板到宝鼎,顶板上面安装贴瓦,下面安装构件座椅,最后涂刷仿木漆(图 5)。

图 4 构配件木楔固定

图 5　涂刷仿木漆

(5)构配件的校正

①在柱体可视面上事先画出中心线,然后在两个相互垂直的方向用经纬仪对柱子的垂直度进行调整。

②通过测量柱子内侧距建筑物上弹好的控制线的距离来控制柱子的垂直度。

③柱子的标高、轴线和垂直度偏差的调整是相互联系、兼顾的,在偏差允许范围内才算完成校正工作。

5.2.6　端头焊接

手工焊接应采用多层多道、小电流的焊接方法。

(1)焊接工艺参数:焊脚高度大于被焊件中较薄件的厚度。焊接电流 140～160 A,焊接电压 22 V,焊接速度控制在 400 mm/min。

(2)焊缝外观:用肉眼和量具检查焊缝外观缺陷和焊脚尺寸,确保符合施工图和施工规范的要求,焊波均匀,不得有裂纹、未熔合、夹渣、焊瘤、咬边、烧穿、弧坑和针状气孔等缺陷,焊接区应清理干净,无飞溅残留物。

(3)全熔透焊缝作为焊接过程中的重点和关键质量控制点,质量检查人员应对此部位进行跟踪检查并做好相应的质量检查记录。

5.2.7　榫卯连接点混凝土加固

封端混凝土工作程序为:端头混凝土凿毛并用水清洗湿润→绑扎端头钢筋→立模板→浇筑混凝土。采用 C50 混凝土浇筑,模板采用组合钢模;浇筑完成后需洒水湿润,预留试件并养生到位,封端混凝土须覆盖保湿养护,养护时间 7 天。浇筑封端混凝土强度大于 20 MPa 时即可拆模。

5.2.8　验收及成品保护

景观凉亭各构配件吊装拼接完成后,在自检合格的基础上组织相关单位进行验收。验收完成后在外装饰施工前需做好成品保护措施,可在凉亭四周设置警示带、对柱体线条采取保护措施等。

6 材料与设备

表3 主要材料

序号	材料	规格型号
1	碎石	5～31.5 mm
2	砂	细度2.8
3	水泥	42.5
4	圆钢	HRB235
5	螺纹钢	HRB335
6	钢模板	Q235

表4 主要机具设备

序号	机具名称	规格型号	单位	数量	备注
1	运柱车	120 t	辆	1	运柱
2	电焊机	BX—300	台	4	焊接
3	全站仪	拓普康102N	台	1	放轴线
4	水准仪	DZS3—1	台	1	测量标高
5	钢卷尺	5 m	把	1	测量间距
6	弯曲机	GW40	台	1	钢筋制作
7	调直机	GT3/9	台	1	钢筋制作
8	切断机	GJ40	台	2	钢筋制作
9	吊车	25 t	台	1	构配件吊装

7 质量控制

7.1 建立质检制度保证体系

(1)建立以项目经理为首的,由技术负责人、施工队长、项目质检员、班组质检员组成的内部质量控制体系。另外,由公司质安科对项目工程质量实行强制的内部监督制度。

(2)实行质量认证制,每道工序完工后,由项目部质检员及时验收和评定等级,未经验收不得进入下道工序,不得结算,验收不合格坚决返工,将其质量等级作为工作结算的依据。

(3)实行质量工资制,项目管理人员奖金与质量挂钩,定期进行考核。

7.2 各环节质量控制措施

以公司编制的质量手册和程序文件为依据,把好五道关:人员素质关、材料验收关、操作工艺关、预检复验关、信息管理关。

(1)人员素质关:通过业绩、能力和技术水平考核择优选用项目班子,建立一支高水平的项目管理队伍,把好操作工人素质关,对进行新技术、新工艺、新材料操作的人员应先培训上岗,外墙装饰装修工程、安装工程、分包工程严格实行总包管理,要求管理人员和特种工种人员均必须持证上岗,严禁无证上岗。

(2)材料验收关:把好采购、运输、储存、使用等质量环节关。所有材料除符合规范要求外,还要有出厂合格证、应用登记证,做到先检验后使用,严禁不合格材料进场。

(3)操作工艺关:严格按设计和施工规范要求施工,尤其是对渗、漏、堵、蜂窝、麻面、胀模、钢筋偏位、接缝等质量通病,建立工序控制标准和技术复核制度,实行施工全过程监控,积极采用新技术提高工程质量。

(4)预检复验关:每道工序前,施工负责人须对工人进行详细的技术交底,施工过程中把好质量管理关,严格执行"三检制度",实行层层把关,并做到工程档案资料与工程同步。

(5)信息管理关:项目部按公司质量体系程序文件的要求负责项目质量信息的收集、整理、反馈,项目总工程师是质量的具体负责人,应根据收集到的质量信息做好全过程的质量预控,及时下达质量整改意见书,指导项目质量管理全面工作。

7.3 成品保护措施

(1)在编制作业计划时,既要考虑工期的需要,又要考虑相互交叉作业的工序之间不至于产生较大的干扰。要合理安排工序,避免出现盲目施工和不合理赶工期以及不采取成品保护措施造成相互损坏、反复污染的现象。

(2)成立项目成品保护小组,根据分部分项特点建立相应的成品保护技术措施。

(3)过程产品在检验前,由该工程的作业队伍负责人组织保护,并负责做好交接手续。

8 安全措施

(1)作业人员要经过技术交底培训,分工明确,注意人、机、具及装配构配件材料的安全。

(2)参加运、吊构配件操作的人员首先要认真学习贯彻"安全第一"的生产方针,落实各项安全生产规章制度,并严格遵守操作规程和劳动组织纪律,施工工序认真执行"三检制度"。

(3)对人员要明确分工,并建立岗位责任制。劳动分工应尽可能保持稳定,不得在操作前临时调换工种,以避免由于技术不熟练而发生安全事故。

(4)在吊装范围内设立安全警示标志,并由专职安全管理人员旁站监督实施。

(5)在运输、吊装弧形构配件现场要严格实行统一指挥。

(6)操作人员必须戴安全帽、配备劳动保护用品。

(7)夜间施工必须有足够的照明设备。

9　环保措施

(1)噪声较大的机械避免在夜间施工;非施工的噪声都应尽力避免,并通过有效的管理和技术手段将噪声控制到最低程度。

(2)施工和生活中的污水和废水经检验符合环保标准后才能排放。

10　效益分析

预制构配件无须支架搭设条件,可以节省大量模板、钢管、扣件等周转材料;无须浇筑大量混凝土,节约建筑材料;没有混凝土冲洗排放,避免造成二次污染。

与普通木结构构配件相比,装配式预制构件耐久性好、防腐蚀、防开裂、结构安全可靠,特别是其受力各部位相对均匀,此外施工完成后后期管理养护成本较低,经济效益、社会效益显著,具有较大的推广价值。

11　工程实例

(1)2020 年安徽水利生态环境建设有限公司苗木基地三期建设凉亭 1 座,凉亭单座面积达 16 m²,单座构配件需 4 根柱,四方形结构。采用了装配式预制构配件拼装施工工法,基础完成后,现场仅用了 2 天便完成了凉亭构配件结构安装,节约了大量施工工期。

(2)2017 年南陵县阳光城市小区建设凉亭 2 座,凉亭单座面积达 16 m²,弧形结构。采用了装配式预制构配件拼装施工工法,基础完成后,仅用了 2 天便完成了凉亭构配件结构安装,节约了大量施工工期。

(3)2018 年滁州东方花园小区建设造型柱 4 根,凉亭 2 座。其中造型柱较为复杂,树形结构。传统的现浇混凝土施工方法不能完美地构造出优美的曲线线条,采用了装配式预制构配件拼装施工法,很好地完成了树形构配件的施工。

附录 1 工程建设工法管理办法

　　住房和城乡建设部 2014 年颁布了《工程建设工法管理办法》(建质〔2014〕103 号),以指导工程建设行业的施工工法研发和创新管理。《工程建设工法管理办法》的内容如下。

　　第一条　为促进建筑施工企业技术创新,提升施工技术水平,规范工程建设工法的管理,制定本办法。

　　第二条　本办法适用于工法的开发、申报、评审和成果管理。

　　第三条　本办法所称的工法,是指以工程为对象,以工艺为核心,运用系统工程原理,把先进技术和科学管理结合起来,经过一定工程实践形成的综合配套的施工方法。

　　工法分为房屋建筑工程、土木工程、工业安装工程三个类别。

　　第四条　工法分为企业级、省(部)级和国家级,实施分级管理。

　　企业级工法由建筑施工企业(以下简称企业)根据工程特点开发,通过工程实际应用,经企业组织评审和公布。

　　省(部)级工法由企业自愿申报,经省、自治区、直辖市住房和城乡建设主管部门或国务院有关部门(行业协会)、中央管理的有关企业(以下简称省(部)级工法主管部门)组织评审和公布。

　　国家级工法由企业自愿申报,经省(部)级工法主管部门推荐,由住房和城乡建设部组织评审和公布。

　　第五条　工法必须符合国家工程建设的方针、政策和标准,具有先进性、科学性和适用性,能保证工程质量安全、提高施工效率和综合效益,满足节约资源、保护环境等要求。

　　第六条　企业应当建立工法管理制度,根据工程特点制定工法开发计划,定期组织企业级工法评审,并将公布的企业级工法向省(部)级工法主管部门备案。

　　第七条　企业应在工程建设中积极推广应用工法,推动技术创新成果转化,提升工程施工的科技含量。

　　第八条　省(部)级工法主管部门应当督促指导企业开展工法开发和推广应用,组织省(部)级工法评审,将公布的省(部)级工法报住房和城乡建设部备案,择优推荐申报国家级工法。

　　第九条　住房和城乡建设部每两年组织一次国家级工法评审,评审遵循优中选优、总量控制的原则。

　　第十条　国家级工法申报遵循企业自愿原则,每项工法由一家建筑施工企业申报,主要完成人员不超过 5 人。申报企业应是开发应用工法的主要完成单位。

第十一条　申报国家级工法应满足以下条件：

（一）已公布为省（部）级工法；

（二）工法的关键性技术达到国内领先及以上水平；工法中采用的新技术、新工艺、新材料尚没有相应的工程建设国家、行业或地方标准的，已经省级及以上住房城乡建设主管部门组织的技术专家委员会审定；

（三）工法已经过 2 项及以上工程实践应用，安全可靠，具有较高推广应用价值，经济效益和社会效益显著；

（四）工法遵循国家工程建设的方针、政策和工程建设强制性标准，符合国家建筑技术发展方向和节约资源、保护环境等要求；

（五）工法编写内容齐全完整，包括前言、特点、适用范围、工艺原理、工艺流程及操作要点、材料与设备、质量控制、安全措施、环保措施、效益分析和应用实例；

（六）工法内容不得与已公布的有效期内的国家级工法雷同。

第十二条　申报国家级工法按以下程序进行：

（一）申报企业向省（部）级工法主管部门提交申报材料；

（二）省（部）级工法主管部门审核企业申报材料，择优向住房和城乡建设部推荐。

第十三条　企业申报国家级工法，只能向批准该省（部）级工法的主管部门申报，同一工法不得同时向多个省（部）级工法主管部门申报。

第十四条　省（部）级工法主管部门推荐申报国家级工法时，内容不得存在雷同。

第十五条　国家级工法申报资料应包括以下内容：

（一）国家级工法申报表；

（二）工法文本；

（三）省（部）级工法批准文件、工法证书；

（四）省（部）级工法评审意见（包括关键技术的评价）；

（五）建设单位或监理单位出具的工程应用证明、施工许可证或开工报告、工程施工合同；

（六）经济效益证明；

（七）工法应用的有关照片或视频资料；

（八）科技查新报告；

（九）涉及他方专利的无争议声明书；

（十）技术标准、专利证书、科技成果获奖证明等其他有关材料。

第十六条　国家级工法评审分为形式审查、专业组审查、评委会审核三个阶段。形式审查、专业组审查采用网络评审方式，评委会审核采用会议评审方式。

（一）形式审查。对申报资料完整性、符合性进行审查，符合申报条件的列入专业组审查。

（二）专业组审查。对通过形式审查的工法按专业分组，评审专家对工法的关键技术水平、工艺流程和操作要点的科学性、合理性、安全可靠性、推广应用价值、文本编制等进行评审,评审结果提交评委会审核。

(三)评委会审核。评委会分房屋建筑、土木工程、工业安装工程三类进行评议审核、实名投票表决,有效票数达到三分之二及以上的通过审核。

第十七条　住房和城乡建设部负责建立国家级工法评审专家库,评审专家从专家库中选取。专家库专家应具有高级及以上专业技术职称,有丰富的施工实践经验和坚实的专业基础理论知识,担任过大型施工企业技术负责人或大型项目负责人,年龄不超过70周岁。院士、获得省(部)级及以上科技进步奖和优质工程奖的专家优先选任。

第十八条　评审专家应坚持公正、公平的原则,严格按照标准评审,对评审意见负责,遵守评审工作纪律和保密规定,保证工法评审的严肃性和科学性。

第十九条　国家级工法评审实行专家回避制度,专业组评审专家不得评审本企业工法。

第二十条　住房和城乡建设部对审核通过的国家级工法进行公示,公示无异议后予以公布。

第二十一条　对获得国家级工法的单位和个人,由住房和城乡建设部颁发证书。

第二十二条　住房和城乡建设部负责建立国家级工法管理和查询信息系统,省(部)级工法主管部门负责建立本地区(部门)工法信息库。

第二十三条　国家级工法有效期为8年。

对有效期内的国家级工法,其完成单位应注意技术跟踪,注重创新和发展,保持工法技术的先进性和适用性。

超出有效期的国家级工法仍具有先进性的,工法完成单位可重新申报。

第二十四条　获得国家级工法证书的单位为该工法的所有权人。工法所有权人可根据国家有关法律法规的规定有偿转让工法使用权,但工法完成单位、主要完成人员不得变更。未经工法所有权人同意,任何单位和个人不得擅自公开工法的关键技术内容。

第二十五条　鼓励企业采用新技术、新工艺、新材料、新设备,加快技术积累和科技成果转化。鼓励符合专利法、科学技术奖励规定条件的工法及其关键技术申请专利和科学技术发明、进步奖。

第二十六条　各级住房和城乡建设主管部门和有关部门应积极推动将技术领先、应用广泛、效益显著的工法纳入相关的国家标准、行业标准和地方标准。

第二十七条　鼓励企业积极开发和推广应用工法。省(部)级工法主管部门应对开发和应用工法有突出贡献的企业和个人给予表彰。企业应对开发和推广应用工法有突出贡献的个人给予表彰和奖励。

第二十八条　企业提供虚假材料申报国家级工法的,予以全国通报,5年内不受理其申报国家级工法。

企业以剽窃作假等欺骗手段获得国家级工法的,撤销其国家级工法称号,予以全国通报,5 年内不受理其申报国家级工法。

　　企业提供虚假材料申报国家级工法,或以剽窃作假等欺骗手段获得国家级工法的,作为不良行为记录,记入企业信用档案。

　　第二十九条　评审专家存在徇私舞弊、违反回避制度和保密纪律等行为的,取消国家级工法评审专家资格。

　　第三十条　各地区、各部门可参照本办法制定省(部)级工法管理办法。

　　第三十一条　本办法自发布之日起施行。原《工程建设工法管理办法》(建质〔2005〕145 号)同时废止。

附录 2 园林绿化工程建设管理规定

住房和城乡建设部 2017 年印发了《园林绿化工程建设管理规定》（建城〔2017〕251号），规定了园林绿化工程内容及有关要求，具体内容如下：

第一条 为贯彻落实国务院推进简政放权、放管结合、优化服务改革要求，做好城市园林绿化企业资质核准取消后市场管理工作，加强园林绿化工程建设事中事后监管，制定本规定。

第二条 园林绿化工程是指新建、改建、扩建公园绿地、防护绿地、广场用地、附属绿地、区域绿地，以及对城市生态和景观影响较大建设项目的配套绿化，主要包括园林绿化植物栽植、地形整理、园林设备安装及建筑面积 300 平方米以下单层配套建筑、小品、花坛、园路、水系、驳岸、喷泉、假山、雕塑、绿地广场、园林景观桥梁等施工。

第三条 园林绿化工程的施工企业应具备与从事工程建设活动相匹配的专业技术管理人员、技术工人、资金、设备等条件，并遵守工程建设相关法律法规。

第四条 园林绿化工程施工实行项目负责人负责制，项目负责人应具备相应的现场管理工作经历和专业技术能力。

第五条 综合性公园及专类公园建设改造工程、古树名木保护工程，以及含有高堆土（高度 5 m 以上）、假山（高度 3 m 以上）等技术较复杂内容的园林绿化工程招标时，可以要求投标人及其项目负责人具备工程业绩。

第六条 园林绿化工程招标文件中应明确以下内容：

（一）投标人应具有与园林绿化工程项目相匹配的履约能力；

（二）投标人及其项目负责人应具有良好的园林绿化行业从业信用记录；

（三）资格审查委员会、评标委员会中园林专业专家人数不少于委员会专家人数的1/3；

（四）法律法规规定的其他要求。

第七条 各级住房和城乡建设（园林绿化）主管部门、招标人不得将具备住房和城乡建设部门核发的原城市园林绿化企业资质或市政公用工程施工总承包资质等作为投标人资格条件。

第八条 投标人及其项目负责人应公开信用承诺，接受社会监督，信用承诺履行情况纳入园林绿化市场主体信用记录，作为事中事后监管的重要参考。

鼓励园林绿化工程施工企业以银行或担保公司保函的形式提供履约担保，或购买工程履约保证保险。

第九条 城镇园林绿化主管部门应当加强对本行政区内园林绿化工程质量安全监督管理,重点对以下内容进行监管:

(一)苗木、种植土、置石等园林工程材料的质量情况;

(二)亭、台、廊、榭等园林构筑物主体结构安全和工程质量情况;

(三)地形整理、假山建造、树穴开挖、苗木吊装、高空修剪等施工关键环节质量安全管理情况。

园林绿化工程质量安全监督管理可由城镇园林绿化主管部门委托园林绿化工程质量安全监督机构具体实施。

第十条 园林绿化工程竣工验收应通知项目所在地城镇园林绿化主管部门,城镇园林绿化主管部门或其委托的质量安全监督机构应按照有关规定监督工程竣工验收,出具《工程质量监督报告》,并纳入园林绿化市场主体信用记录。

第十一条 园林绿化工程施工合同中应约定施工保修养护期,一般不少于1年。保修养护期满,城镇园林绿化主管部门应监督做好工程移交,及时进行工程质量综合评价,评价结果应纳入园林绿化市场主体信用记录。

第十二条 住房和城乡建设部负责指导和监督全国园林绿化工程建设管理工作,制定园林绿化市场信用信息管理规定,建立园林绿化市场信用信息管理系统。

第十三条 省级住房和城乡建设(园林绿化)主管部门负责指导和监督本行政区域内园林绿化工程建设管理工作,制定园林绿化工程建设管理和信用信息管理制度,并组织实施。

第十四条 城镇园林绿化主管部门应加强本行政区域内园林绿化工程建设的事中事后监管,建立工程质量安全和诚信行为动态监管体制,负责园林绿化市场信用信息的归集、认定、公开、评价和使用等相关工作。

园林绿化市场信用信息系统中的市场主体信用记录,应作为投标人资格审查和评标的重要参考。

第十五条 本规定自发布之日起施行。

后　记

园林绿化工程建设工法(简称"园林工法")是园林绿化企业对科研成果及新技术的开发应用,体现了相关工艺方法的先进性、科学性、可操作性、效能性、系统性。工法作为企业标准的重要组成部分,是技术创新的重要手段,是企业宝贵的技术财富,也是行业建设发展的需要。园林工法的编制和运用,有助于提高园林绿化行业的工程管理者和施工人员的技术水平,把先进技术和科学管理结合起来,形成综合配套的施工方法,促进园林绿化建设工程质量和管理水平的整体提升,让园林绿化企业建设出更多的园林景观精品佳作,为园林绿化行业高质量发展贡献力量。

园林工法的研制是一项涉及施工技术、工程管理、经济学、生态学、生物学等多学科的交叉学科研究问题,是比较复杂的系统工程。它既要具备一定的工程技术能力,又要积累一定的工程实践经验,这对于园林绿化行业工作者来说,需要掌握一定的工法研编技巧。为积极推进全国园林绿化企业对园林工法的研发及编制,加大对先进科学施工工艺的推广和运用,促进行业科技进步,中国风景园林学会园林工程分会牵头组织,江苏省风景园林协会具体编制,邀请有经验的园林工法专家组成编写组,吸取各省市经验,取长补短,归纳总结,撰写了这本《园林绿化工程建设工法编制指导手册》。

本书系统讲解了园林工法的立项选题、文本编写、工法查新与专利申请、工法申报与评审、企业工法管理体系等内容,供建设单位、设计单位、施工企业、监理单位在科研开发、工法编制、工程实践中参考使用。本书还收录了上海、浙江、山东、湖南、安徽、江苏等省市的优秀工法作为案例,对提供案例的企业表示感谢!还有很多省市积极推进工法研编,提供相当数量的优秀工法案例,囿于篇幅限制,未被列举,在此说明。本书编写过程中得到了扬州园林有限责任公司、江苏兴业环境集团有限公司、江苏清源建设发展集团有限公司、江苏天润环境建设集团的支持赞助,还得到了任晓毅、陆群、张伟、陈刚、杨凤明、王立平、宫克君、业国庆、吴斌、孔德全、华小兵、张龙香、陆春新等园林专家和工法专家提出的宝贵意见和建议,在此深表感谢!

本书编写虽力求内容充实、严谨实用,但由于编写时间仓促,选材角度限制,书中疏漏和欠妥之处在所难免。在本书使用过程中如发现问题,请不吝指正,并及时与我们联系,以便在今后修编再版时改正。

编者

2021 年 10 月